食農同源

腐蝕する食と農への処方箋

足立恭一郎

コモンズ

はしがき

トルストイの影響を受けた明治の文豪・徳富蘆花（一八六八〜一九二七年）は、人間を「土の化物」だと表現した。「土の上に生れ、土の生むものを食うて生き、而《しこう》して死んで土になる。我儕《われら》は畢竟《ひっきょう》土の化物である」と、『みみずのたはこと』（岩波文庫）に書く。

人の体は約六〇兆個の細胞で構成されていると言われる。その細胞の一つ一つは、食べ物に含まれるさまざまな物質を材料にして組成される。そして、食べ物は「農」の営みによって作り出される。文字どおり生命（人体、細胞）の源は「食」であり、食の源は「土（農）」である（魚介類や海草など「海からの恵み」も食の重要な構成要素だが、本書では土（農）に焦点を定めて論じる）。

他方、人の体には六〇〜七〇％の水分が含まれている。絶食しても、二〜三週間もしくはそれ以上生きることができる。しかし、水分を一滴も摂らなければ三、四日程度で死亡すると言われる。これらを総合して別言すれば、日本人・成人は《一日に概ね一・四kgの食べ物、二ℓの水、一五㎥の空気によって生命を維持している》となる。

与えられた「生」を恙《つつが》なく全《まっと》うしたいと、誰もが願う。「土の化物」とは至言だが、土が病み、水が病めば、食べ物（作物、牛、豚、鶏）が病む。当然ながら、病んだ食べ物や水から組成される人の体も病む。このことを指して、中国（漢方）では、古来より「医食同源」（病気を治すのも食事をするのも、生命を養い健康を保つためで、その本質は同じだということ（広辞苑）あるいは「薬食同源」と表現されている。本書では、これを「食農同源」と捉え直し、食と農のかかわりを多面的に考察したい。

ところで、「農の風景」という言葉から、《あなた》は何をイメージするだろうか。

初夏、薄緑色の稲が風に揺らぐ水田の脇の小川に群れ遊ぶメダカや小鮒の姿だろうか。それとも盛夏、黄金色に色づき始めた稲穂の絨毯《じゅうたん》の上を自在に飛び回る赤トンボの姿、夏の夜空に点滅するホタルの光跡だろうか。あるいは、広い牧場に放牧された牛が草を食む姿だろうか。いずれであっても、そのような「農の風景」を思い描くとき、あなたの心は豊かになり、現代工業化社会が強いる慌《あわ》ただしい生活、食うか食われるかの生活(life in the fast lane)に由来する精神的ストレスも、少しは癒されるにちがいない。

だが、哀しいかな、そのような田園の姿は、もはや都市住民の心象風景（郷愁、ノスタルジア）のなかにしか存在しない。現実の「農の風景」は、都市住民の心象風景から大きく乖離している。

一定の耕地面積から効率よく最大限の収益をあげる、という経済合理的な価値観に基づく《農畜産業の近代化》が国を挙げて推進され、米の平均反収は昭和三〇年代の三〇〇kg台後半から、近年の五〇〇kg台前半にまで増加した。同じ期間に、搾乳牛一頭あたりの年間平均泌乳量も四〇〇〇kg前後から七五〇〇kgを超えるまでに増加した。しかし、それらは農薬、化学肥料、動物用医薬品（抗生物質）など、化学物質への過度の依存によって成り立つ近代的経営技術の成果であった。

農薬は防除対象外の益虫（天敵）も殺した。いま、過半の農業地域では、メダカやホタルをはじめ、数多くの田んぼや畑の生き物たちが絶滅の危機に瀕している。他方、飼料を肉・乳・卵に効率よく変換するための《使い捨ての機械》とみなされた量産家畜たちは、過密状態の狭い檻《おり》（牛舎・豚舎・鶏舎）に閉じ込められ、食肉あるいは老廃牛・廃鶏として屠殺されるまで、ストレスに満ちた短い一生を送る。東京都を例にとれば二〇〇〇年度、病変等があって食肉に適さないために処分（屠殺禁止、一頭丸ごと廃棄、病変部分を一部廃棄）された割合は、牛では約五〇％、豚では約七〇％にも達する。また近年、朝食時にグラス一杯の生野菜ジュースを飲むことが流行《はや》っているが、チンゲン菜、小松菜、ホウレン草などには、ＥＵ（欧州連合）基準の二倍以上の硝酸態窒素が含まれている。

一〇年、いや、それ以前から、日本では《食と農の腐蝕》が深く静かに進行しているのである。

食と農の腐蝕など誰も望まない。しかし、事実として、腐蝕は現在も進行している。その責任は誰にあるのだろうか。率直に言おう。実は、《あなた》を含むわれわれ全員がいまなお、そうとは意識しないで加担し続けている、と。

虫喰い痕がなく、形や色艶のよい農産物を、献立に合わせて一年中、安い価格で購入したいという、消費者としてはきわめて正当な商品選択行動（＝買い物という投票行為）が、結果的に「生産の大規模単作化・施設化、産地の遠隔地化、地方卸売市場の弱体化、青果物の過剰規格・過剰選別、農薬・化学肥料・動物用医薬品への過度の依存、地力の低下、連作障害の多発、野菜の硝酸汚染」などの悪循環を生み出し、食と農の腐蝕を招いてきた。消費者だけではない。農業、食品加工業、流通業、外食産業、小売業、農林水産行政、試験・研究にかかわる人びとのすべてが、《個別主体にとっての合理的な選択＝効用・利潤・生産効率の極大化》を通じて、《安全性に疑問のある食べ物が氾濫する悪循環の形成》に加担している。そうとは意識せずに食と農の腐蝕に加担した、という意味において、われわれ全員が《無意識の加担者》なのである。

二〇〇一年九月から〇二年前半にかけてＢＳＥ（牛海綿状脳症、いわゆる「狂牛病」）事件が日本全国をパニック状態に陥らせ、牛への肉骨粉給与が「草食動物の肉食動物化」だと批判の的になった。しかし、肉骨粉は、安い牛肉・牛乳・豚肉・鶏肉・鶏卵・養殖魚などを求める「現代工業化社会のパラダイム（消費者＝低価格至上主義、生産者＝コスト削減・生産効率至上主義）」（坂本慶一・京都大学名誉教授の表現）のなかから生まれた経済合理的・合目的的な飼料である。魚粉、魚粕、濃厚飼料（トウモロコシ、コウリャン、大麦、大豆粕などの穀物類）と同じ範疇に属する栄養価の高い飼料だ。

草食動物の肉食動物化を問題にするのであれば、魚粉や魚粕についても同じ視点からその是非を考察しなければならない。また、現在もなお約八億人もの人びとが慢性的な栄養不足に陥り、毎日約四万人が栄養失調や飢餓で死んでいる現状を前にして、牛・豚・鶏に人間の食糧となり得る穀物を与えることの是非を考察しなければなるまい。国や関係者が安全性を強調する遺伝子組み換え作物および同加工食品もそうだが、現代工業化社会を支配するパラダイムを転換しないかぎり、農（環境）や食（生命）の腐蝕事件は形を変えて再発すること必至と言わざるを得ない。

それでは、心象風景と化した「農の風景」を取り戻し、食の安全・安心を確保するために、われわれは何をなすべきだろうか。そして、果たして、その回復は可能だろうか。これこそが、まさに本書の中心課題だが、食と農を同源と捉えるなら、楽観的に映るかもしれないが、農の風景の回復はさほど困難ではないように思われる。食と農の腐蝕の根本原因は、消費者と生産者、食べる人と作る人、都市と農村との《心情的紐帯の断絶》にこそある、と筆者は考えているからだ。

仮に《あなた》が野菜の生産農家だったら、嫁して遠方の都市に住む娘の家族にどんな野菜を贈るだろうか。立場を入れ替えて、年老いた父母が丹精して育てた野菜を届けてくれたとしたら、《あなた》はそれらをどのように評価し、どのように食べるだろうか。ことさら筆者が解説するまでもなく、答えは自明であろう。たとえ赤の他人であっても、両者の間に親子・親戚縁者にも似た心情的紐帯があれば、あるべき食と農の姿を語り合い、その実現に向けて相互に協力し合うことは可能だろう。

幸運にも、日本には、断絶した心情的紐帯の再結束に向けて試行錯誤し、一定の成果をあげた先駆事例が存在する。「生産者と消費者の『顔と暮らしの見える有機的な人間関係』を基盤にして展開する産直・共同購入運動（産消提携運動）」すなわち、日本有機農業研究会（一九七一年一〇月結成。会員数約三〇〇〇名）を中心に草の根の運動として展開されてきた有機農業運動がそれである。現代工業化社会のパラダイムから脱却した彼らの圃場では豊かな生物相・生態系が保全され、メダカやホタルなどが群れ遊び、安全で健康によい食べ物のもと（作物、家畜、家禽）が豊かに育っている。

本文で詳しく紹介するが、産消提携運動と呼ばれる日本の有機農業運動は近年、頻繁に見聞する「地産地消」「スローフード」「フード・マイル（あるいはフード・マイレージ）」などの基本概念を、一〇年ひと昔として三昔も前から唱導・体現してきた。そして、現在では「テイケイ＝Teikei」は世界の有機農業関係者の間ではソニーやホンダと同様、解説なしで通じる国際語、日本発のビジネス・モデルとなっている。だが、その事実を知る人は少ない。

「農の風景」を取り戻すために、われわれがなすべきことは次の三点であろう。

第一に、外観や価格にとらわれすぎたこれまでの商品選択行動・価値基準を見直して、支持に値する生産者（有機農業や減農薬栽培など環境への負荷軽減に努力する生産者）たちに《投票》すること、投票を通じて彼らのサポーターになることである。買い物は選挙の投票に似ている。さしずめ紙幣は投票用紙であろう。候補者名を記入する代わりに、われわれは紙幣を支払う。その紙幣は最終的に農業所得となって生産者のもとに集積する。支持なき候補者が落選するのと同様、支持なき生産者は経営に窮し、市場から去っていく。

第二に、WTO（世界貿易機関）体制下における日本農業の生き残り策として、①日本農業全体を有機農業など《環境への負荷軽減に資する農業》《消費者ニーズに合致する農業》《支援に値する農業》に転換し、かつ、②そのような農業に取り組む生産者に対する「直接支払（所得補償）制度」の早期導入を農水省に強く要求し、実現させることである。そうすれば、生産者は輸入農産物に対抗できる価格で、消費者が望む有機農産物などを市場に供給できる。安全・安心を担保する農産物を特別な商品（付加価値商品）にしてはならない。ちなみに、韓国では「親環境農業育成法」に基づいて一九九九年度から「親環境農業直接支払制度」を実施している。

第三に、「公益通報者（内部告発者）」の視点を獲得し、行政・政治家・業者にとって《侮《あなど》りがたい存在》となることである。BSE事件では雪印食品（二〇〇二年一月）を皮切りに食肉偽装事件が次々に明るみに出されたが、その発端となったのは関連業者の内部告発だった。

かつて、農水省は一九九四年一〇月二五日に決定した「ウルグアイ・ラウンド農業合意関連対策大綱」に基づき、九四年度補正予算から六年間、事業費ベースで総額六兆一〇〇億円という気の遠くなるような巨費を投じた。だが、その七〇〜八〇％はいわゆる土木建設事業への支出であり、マスメディアから厳しく批判され、国会でも取り上げられて問題になった「都市農村交流施設」と称する温泉施設（全国二三施設、事業費九六億円）も含まれていた。これは一例だが、このような無駄な公共事業をやめさせれば、先の直接支払制度の導入に必要な予算など容易に捻出できる。

「農の風景」を取り戻すのは、第一義的には「土の化物」である自分自身の生命を腐蝕から守るためである。そして、それは同時に、かけがえのない自然生態系を腐蝕から守り、次代を担う子どもたちに損傷なく引き継ぐことにもなる。われわれは「土（農）と生命（食）とのかかわり」について、もっと学ばなければならない。そうすれば、先に《あなた》が描いた心象風景は現実のものとなり、もっと輝きを増すにちがいない。

本書では以上の事柄を含め、「農の風景」を取り戻すための方策を紙幅が許すかぎり検討したい。

もくじ●食農同源――腐蝕する食と農への処方箋

第3章　安い牛乳、高い牛乳　115

装丁●林佳恵

第1章 日本人の胃袋倍数

1　食料輸入大国ニッポン

一　日本人の巨大な胃袋

日本人は「世界一巨大な胃袋」を所有している。世界人口のわずか二・二%にすぎない日本に、世界の農林水産物貿易量の九・八%が流入してくる（純輸入＝輸入マイナス輸出、金額ベース、一九九〇年代平均）。

それを検証するために、日本の主要な輸入農林水産物の輸入状況を図1に示した。中央から右側に伸びる横棒は輸入が輸出を上回っていること、左側に伸びる横棒は輸出が輸入を上回っていることを示している。金額ベース（農林水産物合計）で比較しても、物量ベース（穀物合計〜用材丸太）で比較しても、日本は文字どおり世界一の食料輸入国であることがわかる（小麦・小麦粉だけは中国に次いで世界第二位）。用材丸太を除き、これら輸入農水産物のすべてが最終的にわれわれの胃袋に収まっている。言うまでもなく、非食用のトウモロコシなどの飼料穀物は家畜（牛や豚）・家禽（鶏）類に与えられ、肉類、牛乳・乳製品、鶏卵に姿を変えて食用となる。

では、国民一人あたりではどうだろう。

図1　農林水産物貿易に占める国別シェア(1990年代平均)(単位:%)

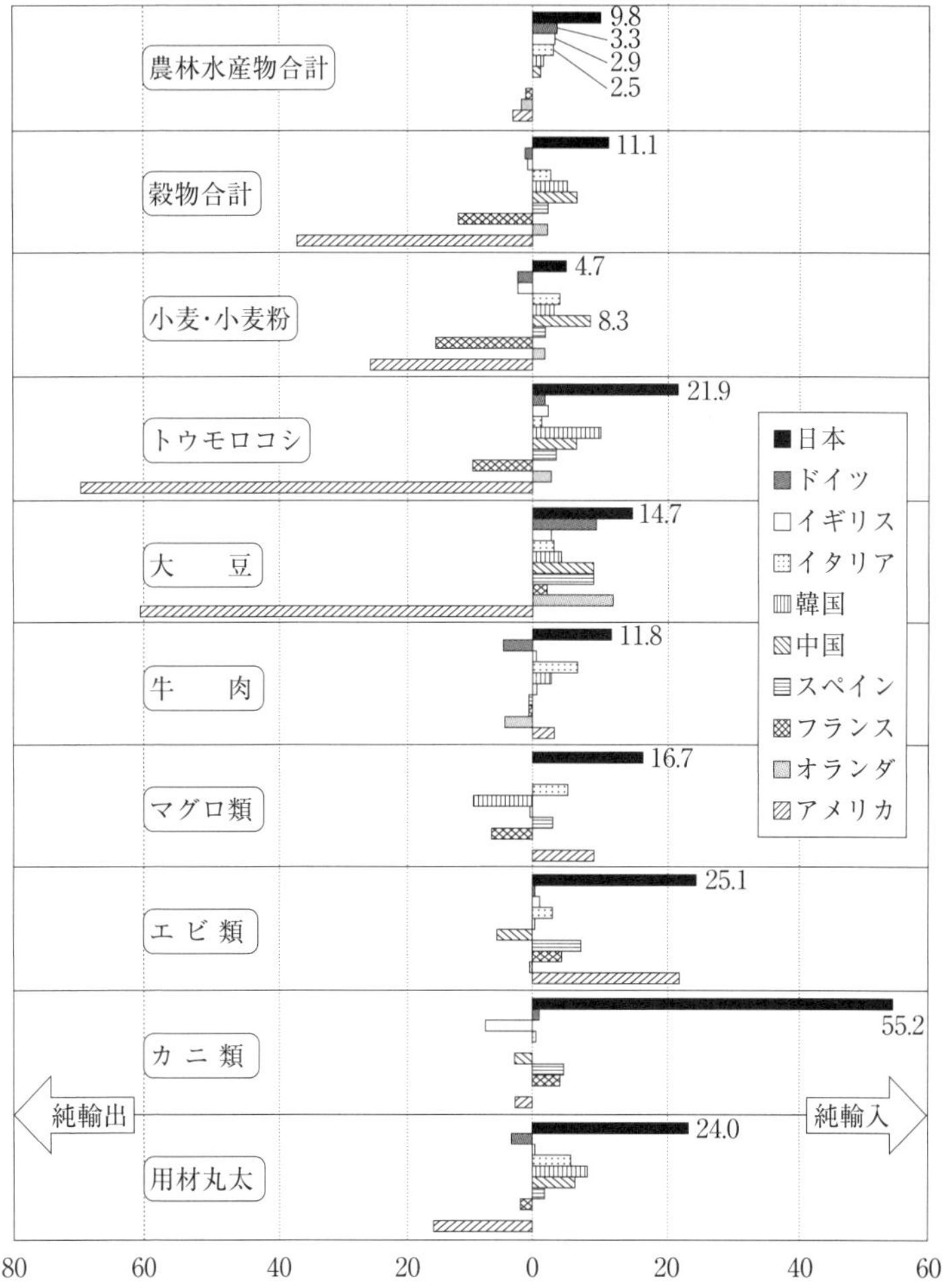

(資料) 農林水産省統計情報部『国際農林水産統計2000』。水産物は1990・97・98年平均、その他は1990・95・98年平均。農林水産物合計は金額ベース統計、その他は物量ベース統計。

図2は、「世界人口に占める当該国人口シェアの何倍の農林水産物を輸入しているか」を見るために考案した指標《胃袋倍数》と命名)を国別比較したものだ。たとえば、穀物輸入でそれぞれ一〇％のシェアを占める国がA国とB国の二国あり、A国の人口シェアは五％、B国は二％と仮定すると、A国の胃袋倍数は二、B国は五になる。したがって、国民一人あたりで見るとB国はA国の二・五倍の穀物を輸入していることになる。

図2からわかるように、人口シェアの多寡を考慮した《胃袋倍数》で見ても、日本のそれは四・四(農林水産物合計)と世界一巨大で、第二位のイギリス(二・八)、第三位のイタリア(二・四)を大きくリードしている。

品目別では、たとえばオランダの胃袋倍数は穀物合計、小麦・小麦粉、大豆において世界最大である。だが、大半は家畜・家禽類を介して肉類や牛乳・乳製品に加工されて再輸出(たとえば牛肉の胃袋倍数はマイナス一五・九)されており、全量がそのままオランダ人の胃袋に収まるわけではない。周知のように、オランダは世界有数の酪農大国であり、輸入農林水産物のほとんど全量を国内で消費する日本とは大きく異なっている。

二　幻の日本列島

人間の胃袋の容量は、人種による多少の差はあっても高が知れており、通常一定と考えてよい。と

図2　胃袋倍数の国別比較（1990年代平均）

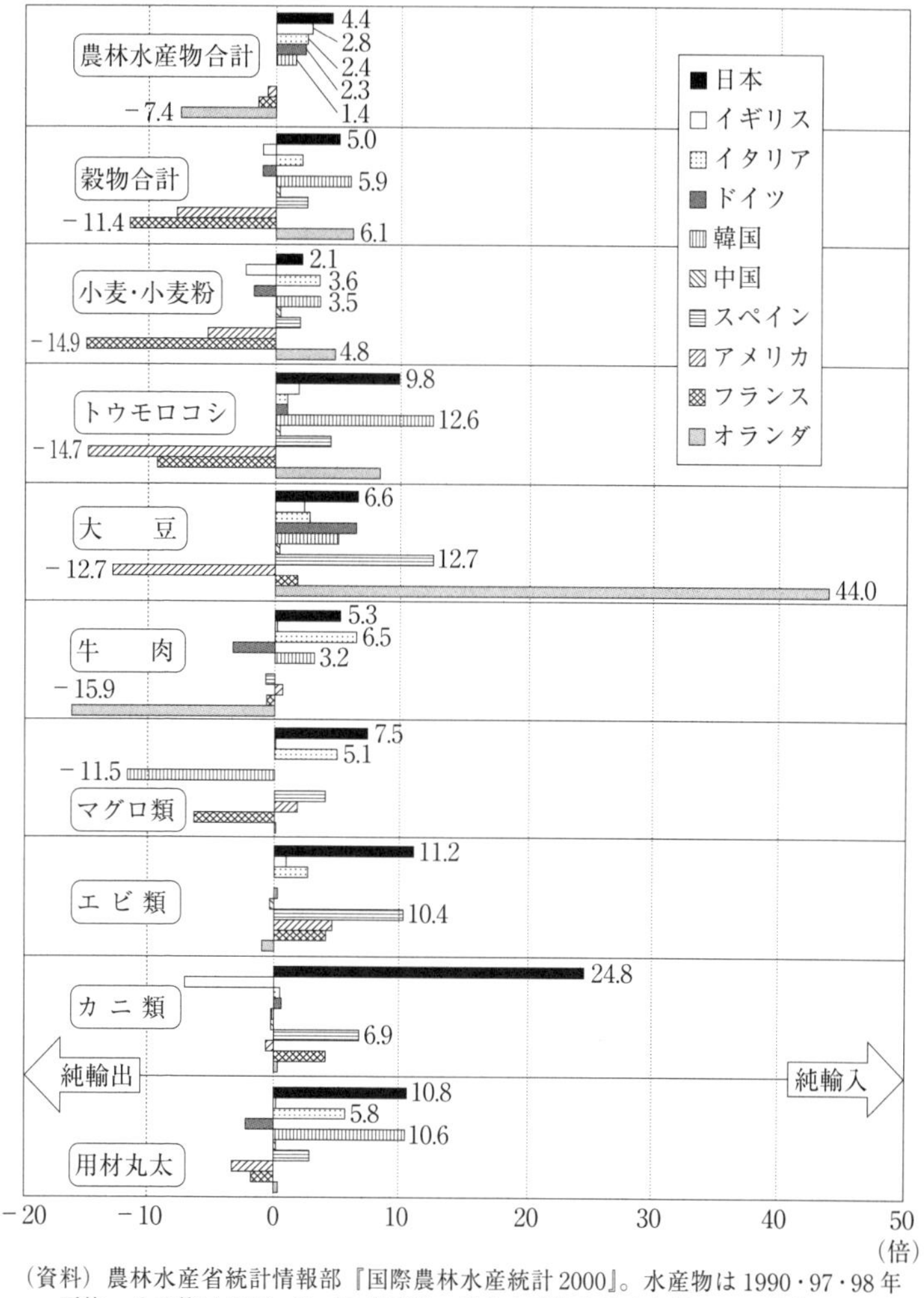

（資料）農林水産省統計情報部『国際農林水産統計2000』。水産物は1990・97・98年平均、その他は1990・95・98年平均。農林水産物合計は金額ベース統計、その他は物量ベース統計。

すれば、純輸入（プラスの胃袋倍数）の大きさは、そのままそっくり国内生産量の小ささを表現していることになる。ちなみに、図3に日本の食料自給率の四〇年間の変化を示したが、米と砂糖類を除き、時間の経過とともに一貫して低下している。

なかでも、重要なのは「供給熱量自給率」だ。供給熱量自給率とは、国民一人一日あたりの供給熱量（カロリー）に占める国産供給熱量の割合を示すもので、畜産物については飼料自給率を乗じて、輸入飼料に由来する供給部分が控除されている。つまり、「食料や飼料などの輸入が完全にストップするような非常事態」が生じた場合でも確保できる、純国産の供給熱量の割合を表現しているわけである。

たとえば二〇〇〇年度の供給熱量自給率は四〇％だが、それは「現在の食生活（米消費量の減少、畜産物・油脂類消費量の増加）を前提にすれば、供給熱量約二六〇〇キロカロリーのうち約一〇〇〇キロカロリーしか国産で賄えない」ことを意味する。日本の成人男性の基礎代謝量、すなわち呼吸や体温など生命維持に必要な最低限の消費エネルギー（カロリー消費量）は約一五〇〇キロカロリー、成人女性のそれは約一二〇〇キロカロリーといわれている。したがって、もし輸入が完全に途絶すれば、理屈のうえでは、日本人は全員餓死することになる。

もちろん、それは現在の食生活を与件とする机上計算の帰結である。輸入途絶のような非常事態が発生すれば、一kgの豚肉や牛肉（部分肉）を得るために豚や牛に七～一一kgの飼料穀物（トウモロコシ換算）を与え、あるいは一kgの鶏卵や鶏肉を得るために鶏に三～四kgの飼料穀物を与えるような迂回生

図3　自給率の変化

（単位：%）

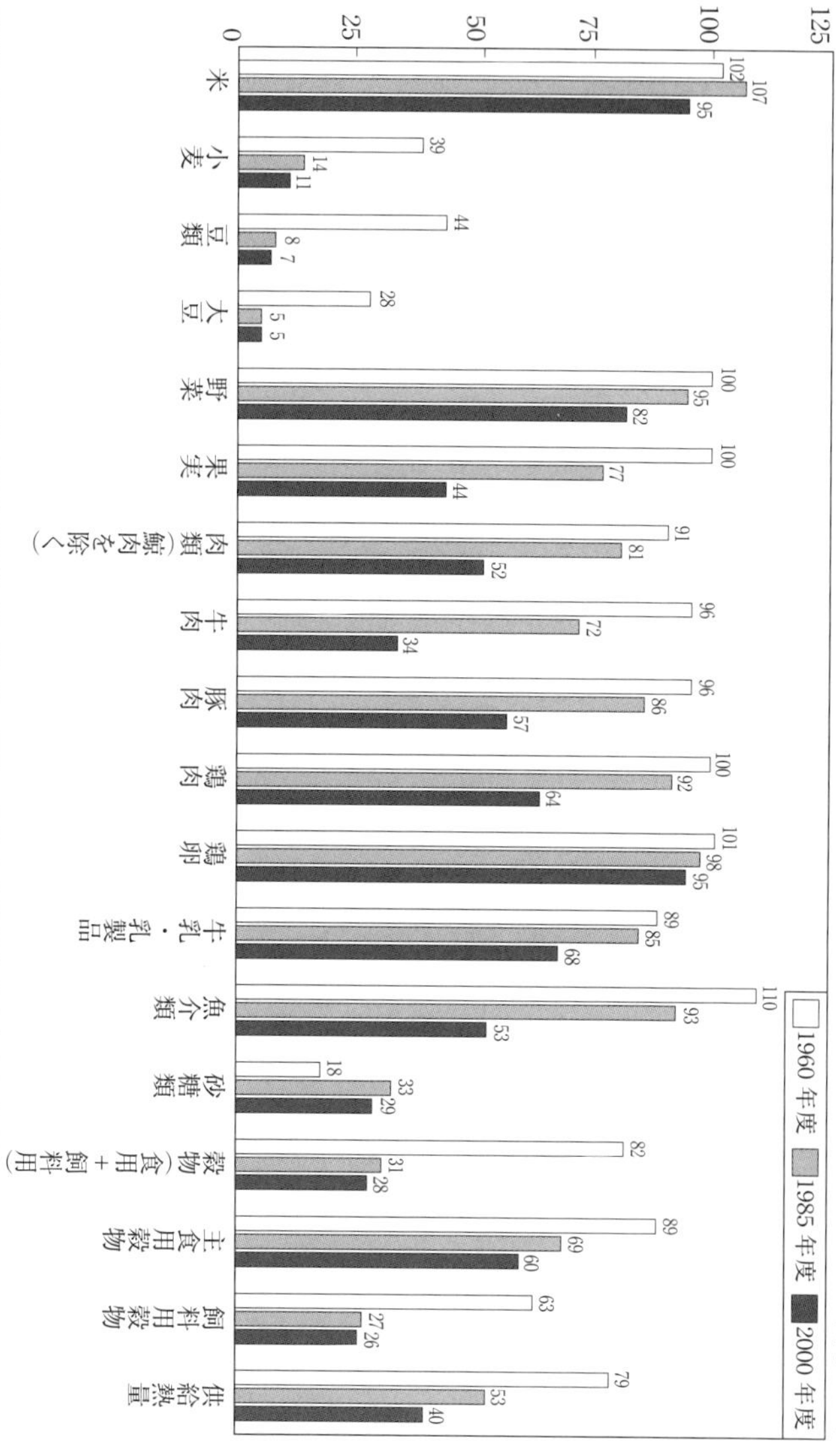

（資料）農林水産省『食料需給表』『農業白書附属統計表』『食料・農業・農村白書附属統計表』各年度版。

産をやめ、飼料穀物を食料として直接消費するだろうから、日本人全員が餓死することは仮想状況としてもあり得ないだろう。それを承知のうえで、ここでは以下の二点を共有の認識としておきたい。

① 一九六〇年度の供給熱量自給率は七九％（供給熱量約二三〇〇キロカロリー、国産供給熱量約一八〇〇キロカロリー）であり、仮に食料輸入が途絶したとしても、成人男性では強度Ⅰ（一般事務作業、軽い手作業）、成人女性では強度Ⅱ（一般手作業、育児を伴う家事）程度の生活活動が継続できるだけの国内供給が可能であった。ちなみに、栄養学の教科書では、農作業は強度Ⅲ、農繁期の農作業は強度Ⅳに分類されている。

② 二〇〇〇年度の供給熱量約二六〇〇キロカロリーのうち、実際にわれわれの胃袋に収まったのは約二〇〇〇キロカロリーで、その差の約六〇〇キロカロリーは家庭や飲食店における食べ残し、調理クズ、流通段階における賞味・消費期限切れ商品の廃棄など、いわゆる「食料ロス（生ごみ）」として捨てられている。参考までに紹介すれば、一九九九年度『食料・農業・農村白書』には次のような具体例が示されている。

「家庭から排出される厨芥等の食品廃棄物量は年間約一〇〇〇万トン、食品流通・外食産業等からの排出量は約六〇〇万トン、食品製造業から排出される動植物性残渣は約三四〇万トン（いずれも一九九六年度）。これらの数値には調理等の過程で不可避的に発生する不可食部分が含まれるため、すべてを食料ロスとすることはできないが、生産から消費に至る各段階においてかなりの量が食料ロスとして排出されていると推測される」（二八ページ、要約して引用）

外皮・根、骨・内臓など、購入した食材には不可食部分が含まれるとはいえ、家庭から排出される食料ロス（生ごみ）が年間約一〇〇〇万トンにも達する事実は看過できない。主な品目の「一人一年間あたり供給純食料（消費量）」の変化について、一九六〇年度と二〇〇〇年度とを比較すると、**図4**に示したように米がほぼ半減しているのに対して、肉類、牛乳・乳製品、油脂類はそれぞれ三・五〜五倍強に著しく増え、いわゆる「食の洋風化・近代化」が顕著に進行したことがわかる。その様子は**表1**によっても確認できる。

しかし、その裏面において、巨大な経済力にモノを言わせて世界中から買い漁った貴重な食資源を年間約一〇〇〇万トンも生ごみにしている事実を、われわれは正しく認識し、謙虚に反省しなければならない。ちなみに、一九六〇年度の加工品を含む日本の農水産物の総輸入量は約八一〇万トン（表1の陰を付けた部分の合計）、減反を行わない場合の日本の米生産量は約一〇〇〇万トンだから、われわれの家庭から毎年排出される生ごみの量がいかに膨大であるか想像できる。

ところで、視点を変えて、食料の生産基盤である農地などに着目すれば、われわれ日本人は農林水産物の輸入量に相当する広大な規模の海外の農地・林地・海域を使用していることになる。

図5は、穀物や畜産物など日本の主な輸入食料の生産に必要な海外の農地面積を農林水産省が推計し、各年度の食料生産に必要な農地面積を一〇〇としたときの内外の農地面積の割合を示したものだ。それによれば、一九九六年度の国内の作付け延べ面積四七八万haに対し、海外の作付面積は一二〇〇万haとなり、農地の海外依存率は七一・五％にも達している。六〇年度は二八・九％であったから、

図4　国民１人１年あたり供給純食料の変化

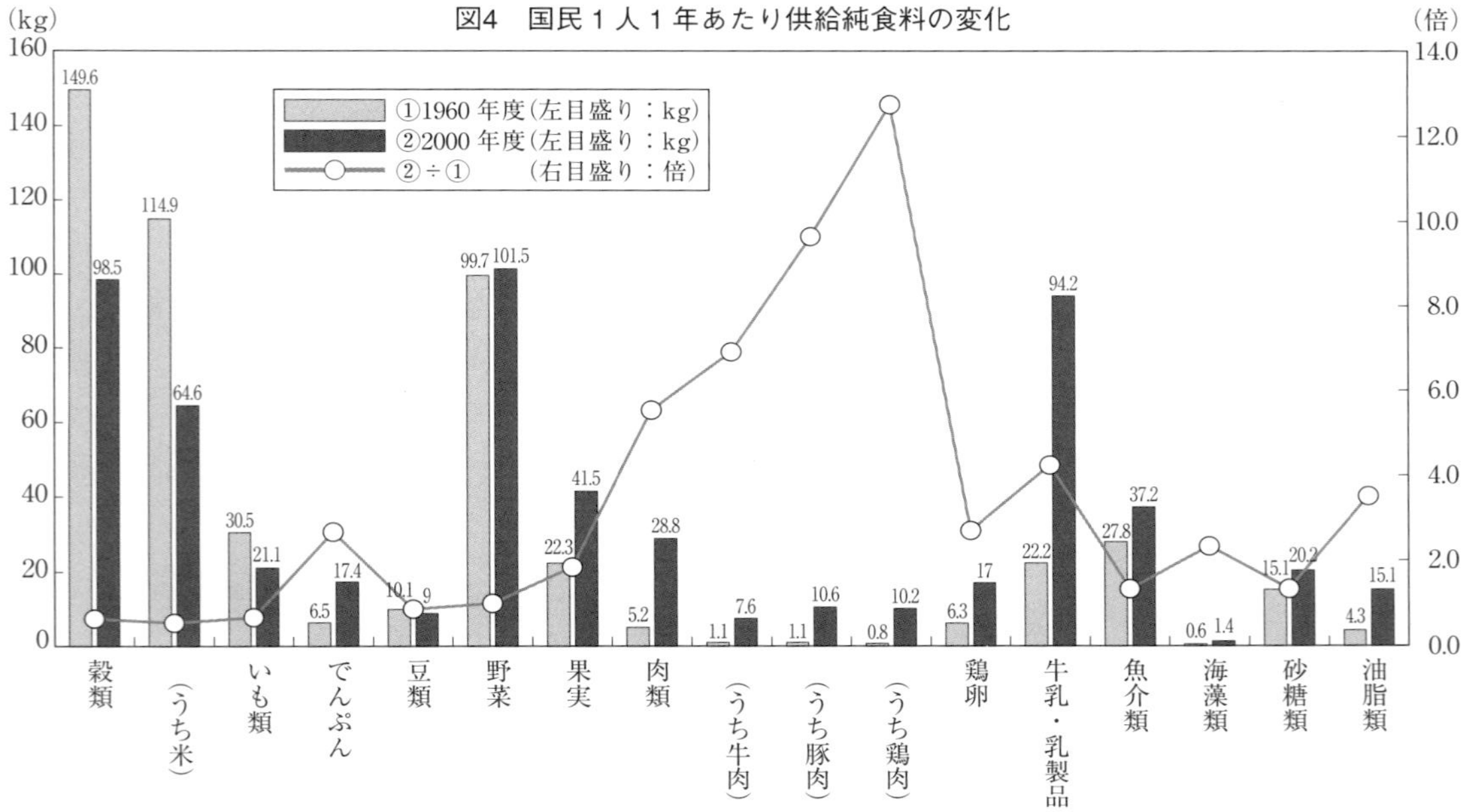

（資料）農林水産省『食料需給表』各年度版。

表1　主な品目の輸入量の変化

	①1960年度（1000トン）	②2000年度（1000トン）	②÷①（倍）
穀　類	4,500	27,640	6.1
（うち小麦）	2,660	5,688	2.1
（うち大麦）	30	2,438	81.3
（うちトウモロコシ）	1,514	15,982	10.6
（うちコウリャン）	57	2,101	36.9
いも類	0	831	831.0
でんぷん	1	155	155.0
豆　類	1,181	5,165	4.4
（うち大豆）	1,081	4,829	4.5
野　菜	16	3,002	187.6
果　実	118	4,843	41.0
肉　類	41	2,755	67.2
（うち牛肉）	6	1,055	175.8
（うち豚肉）	6	952	158.7
（うち鶏肉）	0	686	686.0
鶏　卵	0	121	121.0
牛乳・乳製品	237	3,952	16.7
魚介類	100	5,883	58.8
海藻類	8	78	9.8
砂糖類	1,697	2,094	1.2
油脂類	220	725	3.3

（資料）農林水産省『食料需給表』各年度版。
（注）1960年度は野菜19,000トン、果実（みかん・りんご）129,000トンが輸出されていたので、図3に示したように両者の自給率は100％であった。

日本は年々海外の農地（なかんずくアメリカの農地）への依存体質を顕著に強めている。なお、言うまでもないが、一〇〇から海外依存率を引いたものが《農地自給率》（筆者の造語）となる。

換言すれば、日本は大きな購買力を背景にして、海外の広大な農地を日本向け食料の供給地としてなかば《専有》しているのだ。それらは国権が及ばず、市場動向により変幻自

図5　幻の日本列島（食料生産に必要な農地の海外依存率）

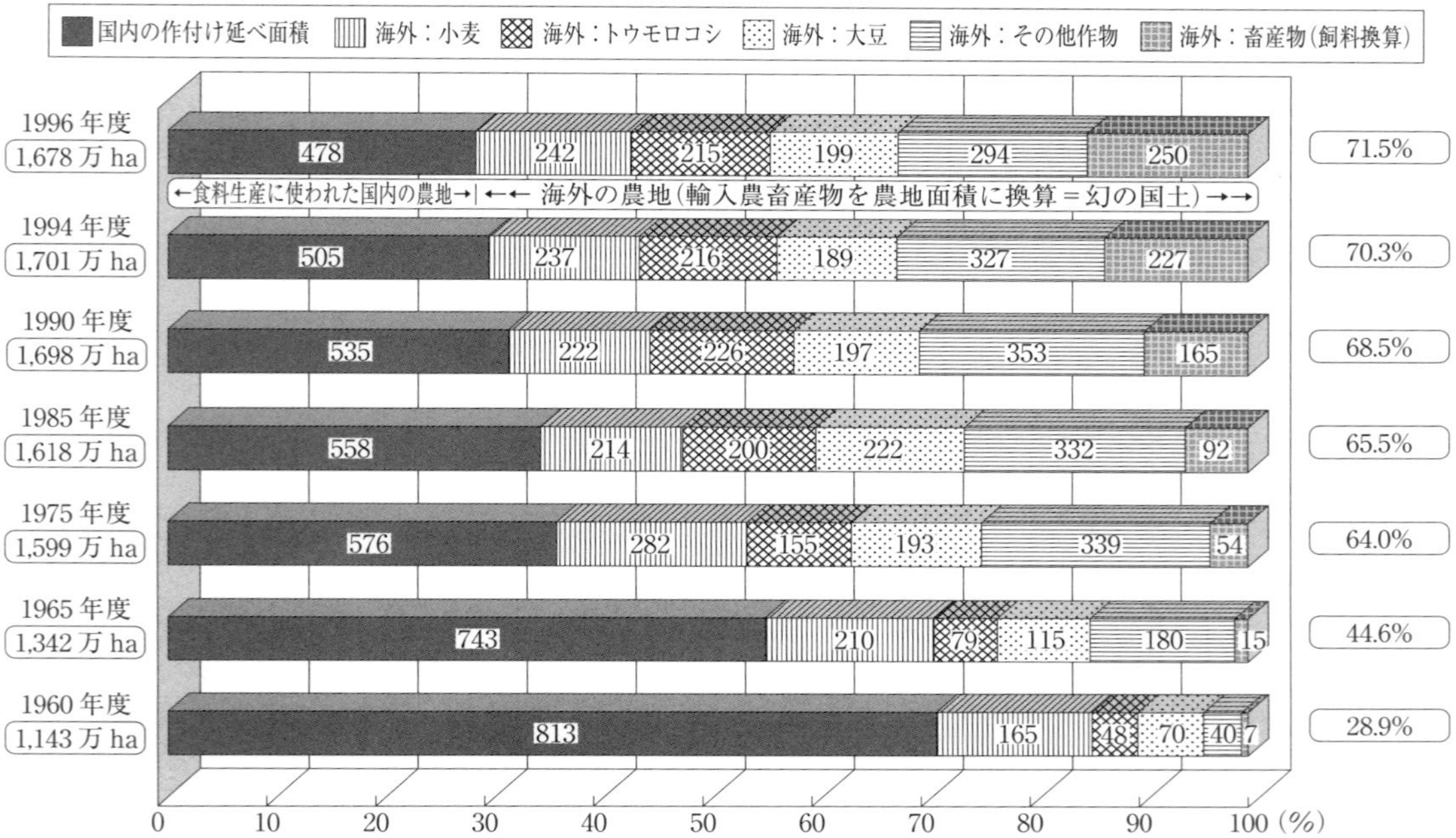

（資料）農林水産省『農業白書附属統計表』『食料・農業・農村白書附属統計表』各年度版。

在に拡縮するという意味において、まさに《幻の専有地》であり、唯是康彦教授（千葉経済大学地域総合研究所）が指摘しているように《幻の日本列島》だということができる。

2　無意識の加担者たち

一　輸入が支える日本の食卓

日本人の食生活（日本型食生活）は栄養バランス、つまり「カロリー摂取におけるタンパク質（P）・脂肪（F）・炭水化物（C）のバランス」がそれぞれ適正比率（P＝一二～一三％、F＝二〇～三〇％、C＝五七～六八％）に近いと言われて久しい。一九九〇年代に入って、食の洋風化（脂肪摂取量の増加、炭水化物摂取量の減少）が加速したため、近年ではPFCバランスの崩れやそれに伴う生活習慣病などの増加が懸念されているが、アメリカ、イギリス、フランスなど欧米諸国に比べれば、相対的にバランスの崩壊は軽微である。

しかし、その日本型食生活は、図1や図2に示したような大量の輸入農水産物に補完されて実現したものだ。また図3に示したように、いまや日本の供給熱量自給率は四〇％だ。輸入なくしては、PFCバランスどころか、日々の生存さえままならぬ危機的状態に陥っている。**表2**に示したのは、す

表２　天ぷらそばの素材のルーツ　（単位：％）

	そば		天ぷら	
素材（主要材料）	そば粉（玄そば）		エビ（エビ）	
時期	1992年度	2000年度	1992年度	2000年度
自給率	20.0	22.5	14.7	10.9
主要輸入国	中国 58.0 アメリカ 23.5 カナダ 18.1	中国 84.3 アメリカ 8.2 カナダ 6.2	インドネシア 19.6 タイ 17.0 中国 12.7 インド 11.9 ベトナム 8.4	インド 20.2 インドネシア 20.1 ベトナム 13.4 タイ 7.5 中国 6.8
基準値を超える残留農薬の検出例	BHC、マラソンなど３例（文献数：13）		検出例なし（文献数：９）	
	ころも		出し汁	
素材（主要材料）	小麦粉（食用小麦）		醤油（大豆）	
時期	1992年度	2000年度	1992年度	2000年度
自給率	13.5	11.5	4.0	5.0
主要輸入国	アメリカ 59.6 カナダ 29.6 オーストラリア 10.9	アメリカ 59.0 カナダ 25.4 オーストラリア 15.6	アメリカ 82.5 ブラジル 10.3 中国 5.5	アメリカ 74.7 ブラジル 15.6 カナダ 4.9
基準値を超える残留農薬の検出例	BHC、臭素、フェニトロチオン、マラソンなど多数（文献数：30以上）		BHC、DDT、ディルドリン、臭素など多数（文献数：14）	

（資料）日本貿易振興会『アグロトレード・ハンドブック'95』『アグロトレード・ハンドブック2001』、植村振作ほか『残留農薬データブック』三省堂、1992年。

でに多くの識者が言及し、「耳にたこ」的な天ぷらそばの素材の自給率だ。このような日本食を代表する食べ物でさえ、器の中は国際化が進み、国産素材は肩身の狭い思いをしている。

　消費者はこうした食料自給率の低下に危機感をつのらせ、またチェルノブイリ原発事故による輸入食品の放射能汚染（一九八六年四月）、ポスト・ハーベスト農薬、農薬残留基準の緩和（ハーモナイゼーション）、ＢＳＥ（牛海綿状脳症、いわゆる「狂牛病」）、Ｏ―１５７食中毒事件、環境ホルモン、農作物のダイオキシン汚染など一連の不安材料に影響されて、食の安全性への関心を高めてきた。それは、各種の世論調査によっても確認されている。しかし、日本の農水産業の衰退、食料自給率の著しい低下、安全性に疑問のある食べ物の氾濫などに関して、《その責任の一端が消費者自身にもある》ことを指摘する行政報告や研究論文はきわめて少ない。

参考までに紹介すれば、戦後農政の基本方針を定めた「農業基本法（旧農基法）」が三八年ぶりに改正され、一九九九年七月に「食料・農業・農村基本法（新農基法）」が制定された。その審議の過程を通じて、《消費者・国民の理解と協力が得られなければ、日本の農水産業（その裏返しとしての食料自給率）はにっちもさっちもいかない状況に陥っている》ことが明らかになり、遅ればせながら、同法第一二条に消費者の役割として、「消費者は、食料、農業及び農村に関する理解を深め、食料の消費生活の向上に積極的な役割を果たすものとする」との一文が付け加えられた。

二　生産者を生かすも殺すも消費者次第

図6は、最終消費された飲食費の「産業部門別」帰属割合、つまり「消費者（国民）が支払った飲食費の何％が生産者、食品メーカー、飲食店、流通業者の収入になったか」を示したものだ。この図から、われわれ消費者（筆者もその一員）は《農家や漁家を豊かにしない食べ方を選択してきた》という事

図6　最終消費された飲食費の帰属割合

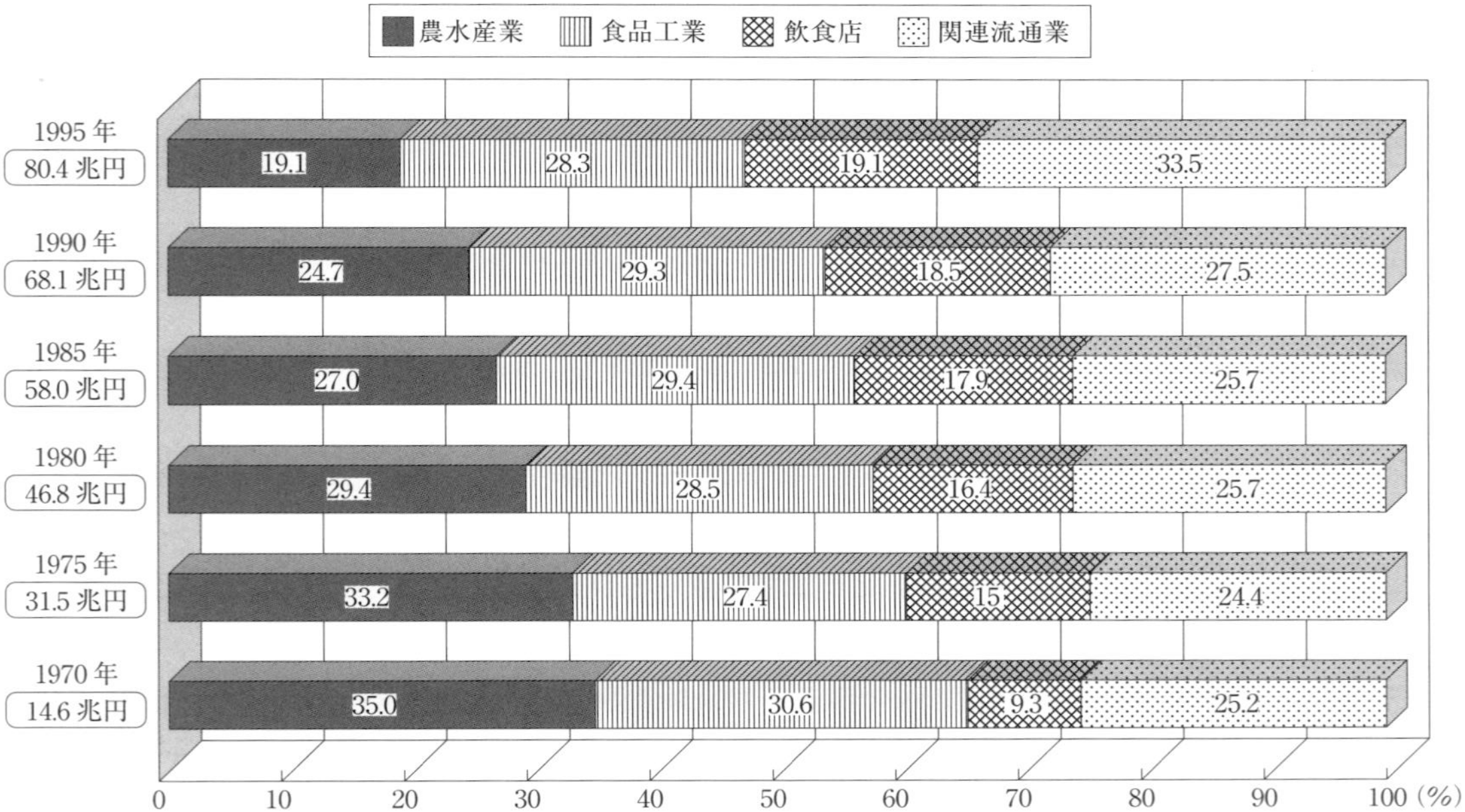

(資料) 農林水産省『農業白書附属統計表』『食料・農業・農村白書附属統計表』各年度版。

実を読み取ることができる。

一九九五年に消費者は飲食費として約八〇兆円を支出した。そのうち、農水産業が手にしたのは支出総額のわずか約一九%にすぎない。つまり、消費者が支払った飲食費一〇〇円のうち、農水産業が受け取ったのはわずか一九円ということだ。七〇年は三五%(三五円)だったから、二五年間で農水産業への帰属割合は一六ポイント(一六円)も減少している。農水産業には輸入(海外の生産者)も含まれているため、この資料から国内の生産者への帰属割合はわからない。だが、第一次産業(農水産業)への帰属割合が他の業種に比べて著しく減っていることだけは間違いない。ちなみに、飲食店(外食産業)への帰属割合は、同じ期間に一〇ポイントも増加している。

最終消費者には生産者も含まれるから、われわれは生産者自身も含めて《農家や漁家を豊かにしない食べ方》を選択してきたことになる。つまり、食の洋風化・近代化と称する食の外部化、調理の簡便化、加工食品の多用、ハレ(祭事)の食事の日常化、具体的には手作りに代えて冷凍食品・レトルト食品・インスタント食品・惣菜・外食などの「簡便性というサービスの購入」を通じて、そうとは意識しないで、しかし、結果的にわれわれは日本の農水産業を衰退させたのだ。

それは**表3**でも確認できる。この表は、最終消費された飲食費の「食品購入形態別」帰属割合を示している。一九九〇年について見れば、消費者が調理の手間を惜しまずに野菜や魚介類などの生鮮品を直接利用すれば、消費者が支払う金額の五八%が国内の生産者の所得となることがわかる。これに対して、レトルト食品やインスタント食品など加工品の購入では一〇%、外食ではわずか七%しか生

表3　買い物の仕方によって異なる、農水産業の受取り金額

		最終消費された飲食費の「食品購入形態別」帰属割合					
		生鮮品の購入		加工品の購入		外　食	
		兆円	%	兆円	%	兆円	%
1990年	最終消費額　68.1	16.0	100	33.1	100	19.0	100
	国内生産者受取分	9.3	58	3.3	10	1.4	7
	海外生産者受取分	1.3	8	2.9	9	0.6	3
1985年	最終消費額　58.0	14.6	100	27.9	100	15.5	100
	国内生産者受取分	8.9	61	3.3	12	1.2	8
	海外生産者受取分	0.6	4	1.7	6	0.9	6
1980年	最終消費額　46.8	13.5	100	21.4	100	11.9	100
	国内生産者受取分	8.1	60	2.5	12	1.3	11
	海外生産者受取分	0.9	7	2.0	9	0.3	3

(資料)農林水産省『農業白書附属統計表』各年度版。
(注)1980年以前と95年以降は、帰属割合が産出されていない。

産者の所得に結びつかない。つまり「簡便性というサービスの購入」は、国内生産者への帰属割合を低下させ、結果的に日本の農水産業を衰退させることになる。われわれ消費者は、以上のような食品購入形態と帰属割合との関係を「食の基礎知識」として知っておく必要がある。

三　消費者にも一端の責任がある窒素汚染

ところで、「巨大な胃袋」はさまざまの弊害をもたらす。そのひとつは、輸入食料・飼料による日本の国土・環境の窒素汚染だ。

図7および**図8**は、三輪睿太郎・岩元明久両氏が作成した窒素循環図を下敷きにしながら、他の研究者による関連研究も参考にしつつ、筆者の理解の及ぶ範囲で作図し直したものだ。筆者の専門領域は農業経済学であり、土壌肥料学については門外漢のため、三輪氏らの研究を十分にフォローできたと断言するだけの自信はないが、

図7　食料および飼料供給における窒素の動態(1960 年)

(単位：万トン[窒素換算])

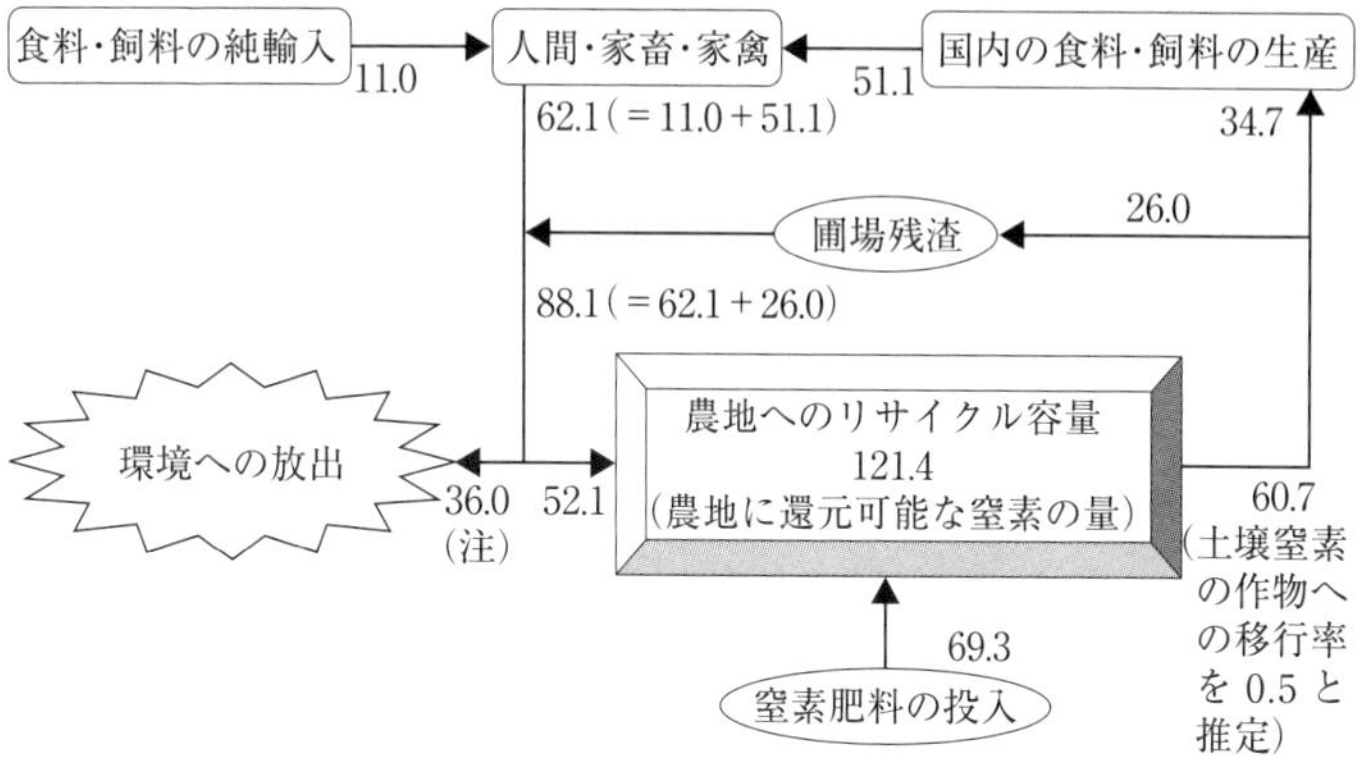

(資料) 三輪睿太郎・岩元明久「わが国の食飼料供給に伴う養分の動態」(日本土壌肥料学会編『土の健康と物質循環』博友社、1988 年)。なお、この図は両氏の図Ⅳ-4 および図Ⅳ-5 に基づいて作成したが、原図においてつじつまの合わないところは、筆者の責任において変更してある。

(注) (有機物 88.1＋窒素肥料 69.3) − 農地へのリサイクル容量 121.4＝環境への放出 36.0。

以下、図の要点を解説する。

図中の「農地へのリサイクル容量」とは農地に還元できる窒素量のことで、三輪氏らはこれを「国内で生産された食用・飼料用作物に含まれる窒素量×二」と推計している。具体的には、食料需給表や飼料総合需給表から食用・飼料用作物の生産量と、そこに含まれる窒素量を求め、既存の研究データから得られる作物の窒素吸収率(土壌窒素が作物に移行する割合)を〇・五と仮定して、農地への窒素リサイクル容量を推計している(三輪睿太郎・岩元明久「わが国の食飼料供給に伴う養分の動態」日本土壌肥料学会編『土の健康と物質循環』博友社、一九八八年)。

図7によれば、こうして推計されたリサイクル容量は一九六〇年では約一二一万トン。それに対して、輸入および国産の食料や飼料

図8　食料および飼料供給における窒素の動態（1992 年）

（単位：万トン［窒素換算］）

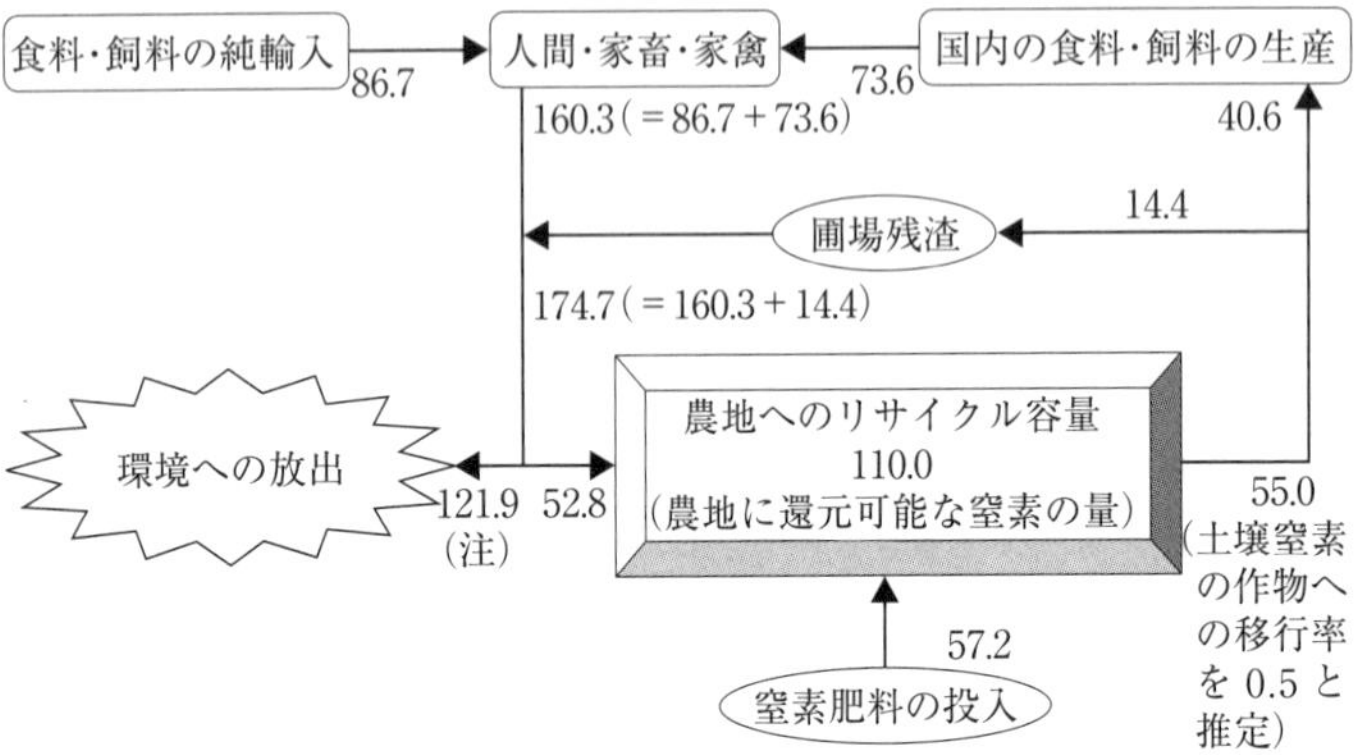

（資料）農業環境技術研究所『農業環境試験研究成果・計画概要集』（1994 年 3 月、環境 11–4）に発表された推計数字に基づき、三輪・岩元両氏による前掲論文の各図との整合性がとれるよう作図した。

（注）（有機物 174.7＋窒素肥料 57.2）－農地へのリサイクル容量 110.0＝環境への放出 121.9。

を消費することにより発生する人間・家畜・家禽の排泄物、残飯、食品加工業から出る有機性廃棄物など、各種の窒素の総量は約八八万トンであった。

有機性廃棄物とリサイクル容量との関連について、三輪氏らは「もしこれらを全量リサイクルしたとしても、農地にはそれ以上の窒素を受け入れる余裕があった。逆に言えば、廃棄物類をすべて農業利用しても、国内生産のレベルを維持するには足りなかった」（前掲書、一三一ページ）と説明している。しかし、現実には、食料・飼料生産に約七〇万トンの窒素肥料（化学肥料）が投入されたため、三六万トンが農地以外の環境中に放出された。

他方、図8によれば、一九九二年時点における農地への窒素リサイクル容量は一一〇万トン、有機性廃棄物は約一七五万トン。六〇年と比較して前者は約一〇%減少し、後者はほぼ二倍に増加した。こうした変化をもたらした要因として、まず①造成面積を上回る人為潰廃面積（工場・道路・鉄道用地、宅地、耕作放棄地）の増大による農地の減少が考えられる。三輪氏らはそれに加えて、②裏作の放棄などによる作付け面積の減少、③耐肥性（多収量）品種の開発など作物栽培技術の進展、④人口増加、⑤食の洋風化に伴う食料消費構造の変化、⑥食料および飼料の輸入増加などを指摘している。

現実には、有機性廃棄物約一七五万トンのうち約五三万トンが農地にリサイクルされ、残りの約一二〇万トン（六〇年時点の三倍強）は農地以外の環境中に放出されたと推計されている。当然ながら、環境中に放出された有機性廃棄物は、地下水の硝酸汚染、河川・湖沼・内海・内湾における富栄養化（アオコや赤潮の発生）、水道水の異臭味などさまざまな環境汚染や健康被害を引き起こす。この点を指して、三輪氏は「食糧輸出は《地力》の輸出、食糧輸入は《汚染》の輸入」（『現代農業』一九八七年一一月臨時増刊号）と指摘している。この視点に立てば、食料の最終消費者であるわれわれは、食べ方（食のスタイル＝食の近代化）を介して間接的に窒素汚染に関与しており、応分の責任があると言えよう。

四　安全性に疑問のある農畜産物の氾濫

同様のことは、「安全性に疑問のある農畜産物の氾濫」についても妥当する。

図9は、日本の農業を農薬・化学肥料多投型農業に変質させた諸要因を模式化したものだ。一言で

多投型農業に変質させた７つの道筋

の歪みが、生産のあり方を歪めることに対する認識の欠落】

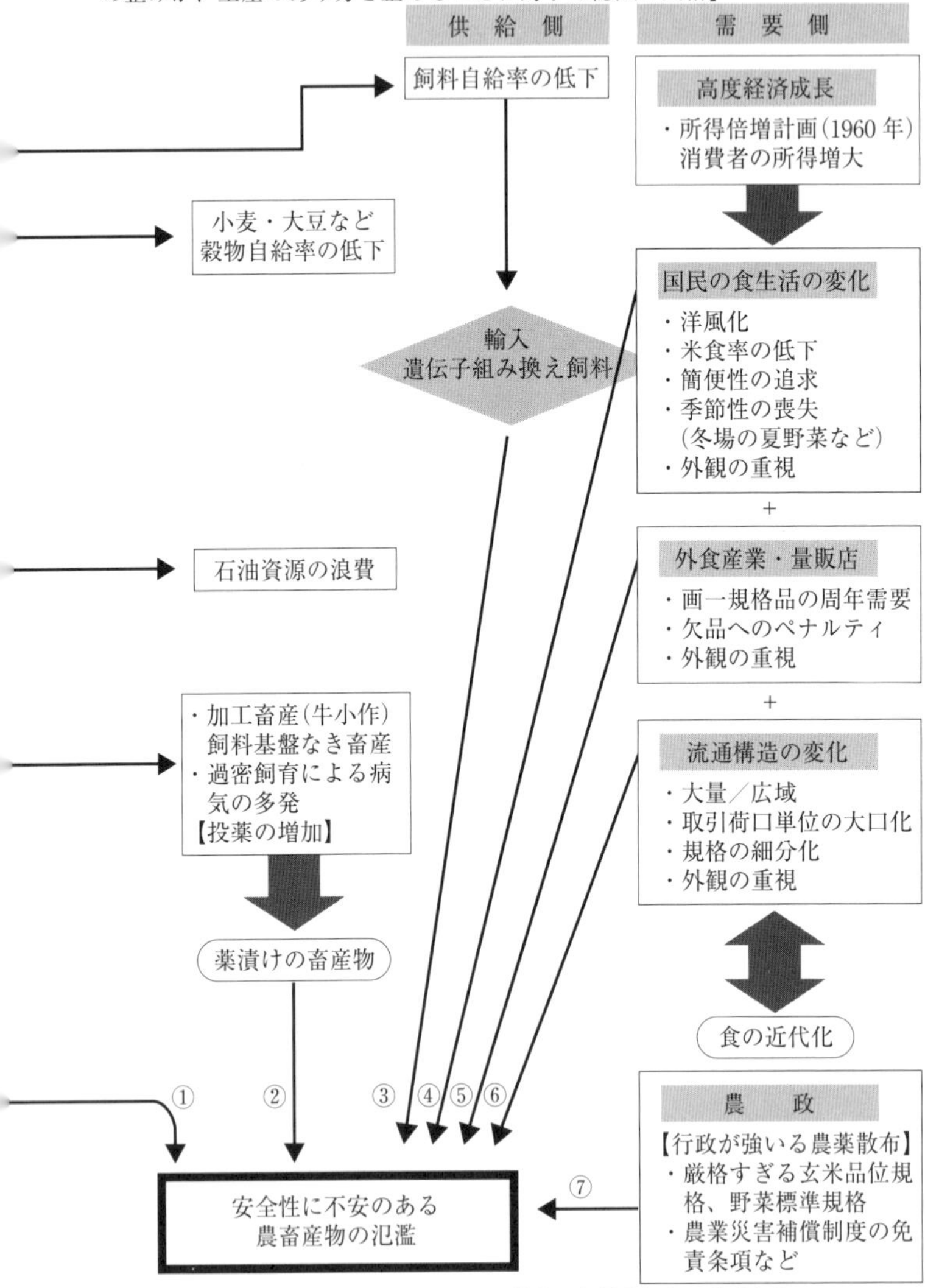

「農薬汚染循環概念図」を参考にしつつ、筆者の知見を加えて作成した。

図9　日本の農業を農薬・化学肥料

【消費者ニーズ迎合型農業の陥穽⇔消費・流通（商品規格）

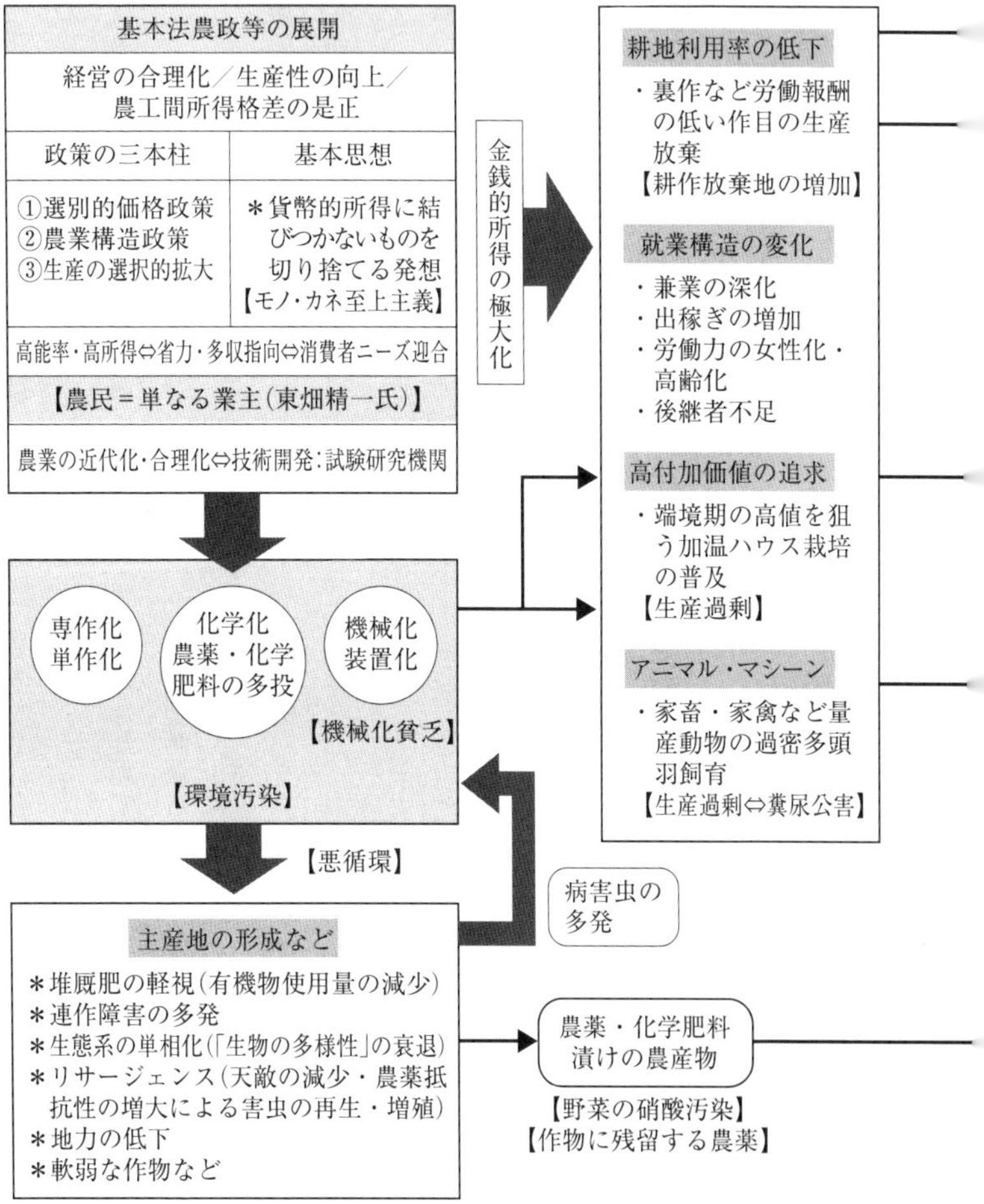

（注）この図は、荷見武敬・鈴木利徳『有機農業への道』（楽游書房、1977年）所収の

要約すれば、《個別主体の効用や利潤の極大化の実現は、必ずしも社会全体の効用(厚生)の極大化の実現を保証しない。否、往々にして大きな社会的不厚生を帰結する》ことを示している。具体的に言えば、以下のような個々の経済主体にとっては何ら問題のないきわめて当然な「合目的的・合理的な行動選択」、すなわち「主体均衡論に基づく個別主体の効用・利潤極大化要求」が、結果的に日本農業を農薬・化学肥料多投型農業に変質させたことを示しているのである。

① 商品価値の高い商品を、省力化して大量に生産し、農業所得を高めたい【生産者】

② 虫喰い痕がなく、形や色艶のよい農産物を、献立に合わせて一年中、安い価格で購入したい【消費者】

③ 取引き荷口単位の大口化や生産物の規格化など、市場取引きの効率化・差別化・取扱量の増加を図り、市場を誘導して手数料収入を増やしたい【卸売市場の荷受け会社】

④ 消費者ニーズに合致する色艶・形状のよい「規格品」を、一年中豊富に品揃えして顧客に低価格で提供し、販売成績を高めたい【スーパーマーケットなど小売店】

⑤ チェーン化・集中調理・調理の全国統一マニュアル化などによる省力化・コスト削減・商品標準化のため、「規格化された安い農産物」を定量、一年中、安定的に確保したい【外食産業】

⑥ 省力・多収穫の効率的な栽培技術を開発・普及し、収益性の高い、消費者ニーズに合致した市場適応型農業を政策的に推進して、「産業として自立できる日本農業」を確立させたい【国や自治体の農業政策＋大学・試験研究機関での技術開発】

ミクロ・レベルの合目的的行動選択の集積がマクロ・レベルにおいて矛盾した結果を招来する現象を、経済学では「合成の誤謬《ごびゅう》」と呼ぶ。図9は、まさにその形成プロセスを示している。

大事なことなので繰り返すが、われわれは誰はばかることのない「消費者としての当然の要求」を供給側に突きつけることにより、結果的に「生産の大規模単作化・施設化、産地の遠隔地化、地方卸売市場の弱体化、青果物の過剰規格・過剰選別、農薬・化学肥料・動物医薬品への過度の依存、地力低下、連作障害の多発、野菜の硝酸汚染」などの悪循環を生み出しているのだ。否、消費者だけではなく、農業、食品加工業、流通業、外食産業、小売業、農林水産行政、試験・研究などにかかわる人びとすべてが「安全性に疑問のある食べ物が氾濫する悪循環の形成」に関与（加担）している。そうとは意識せずに加担したという意味において、われわれは《無意識の加担者》であった。

学識者が指摘するように、現代の農業技術体系や農業労働観、農産物流通システム、農産物の消費構造および国の農業政策に内在するさまざまの歪みなど、「日本農業を巡るトータルシステム（生産―流通―消費）の象徴的矛盾」（保田茂・神戸大学名誉教授）あるいは「構造悪」（中島紀一・茨城大学教授）として農薬問題などが現出していることを認識する必要がある。そして、こうした「象徴的矛盾・構造悪・悪循環の環」を断ち切るためには、後に述べるように、「環」の形成に関与したすべての人びとの《自覚⇩自覚に基づく自省⇩自省に基づく自律と他者との協調⇩自律と他者との協調に基づく望ましいシステムづくりの模索》が求められる。

3　気まぐれグルメの果てに

一　ナタ・デ・ココの「罪と罰」

消費者としての当然の要求がもたらす負の波及効果（悪循環の形成）が国内現象にとどまっているうちは、まだ「罪」は軽い。しかし、本章の冒頭で指摘したように、日本人の胃袋が巨大化し、負の波及効果が国境を越えて他国にまで大きな社会経済的な影響力を及ぼすようになると、事情は異なってくる。

記録的な冷夏に見舞われ、「平成の米騒動」と騒がれた一九九三年の大凶作（作況指数七四）に伴う緊急輸入によって米の国際価格が高騰し、購買力のない米輸入国（途上国）の飢餓人口を一層増大させたことは、記憶に新しい。だが、「罪つくり」の観点からすれば、米以上に問題視されてしかるべき事例がある。

一九九〇年から九一年にかけて大ブームになったティラミス（マスカルポーネチーズを使ったイタリアのデザート）の後、柳の下の「二匹目のドジョウ」を狙って仕掛けられた、ナタ・デ・ココ（ココナッツミルクに酢酸菌を加えて発酵させた、弾力性のある寒天状の植物繊維性食品）の事例がそれだ。三匹目のドジョウ、パンナ・コッタ（生クリームに香りをつけてゼラチンで固めたイタリアのデザート）は失敗したが、二匹目は大成功。消費者の舌を大いに楽しませ、輸入業者のフトコロを大いに肥やした。だが、ナタ・デ・ココの「爆発的ブーム」は日本列島を一気に駆け抜け、九三年末にピークを迎えて、あっけなく終息した。

日本人には、ナタ・デ・ココに対して特別の思い入れはない。モツ鍋(一九九二年の「新語部門」銅賞を受賞)、鮭の中骨缶詰、野菜スープなどと同じく、物珍しさゆえに一時的に注目され、いずれは飽きられる、数ある食品のひとつにすぎない。しかし、ナタ・デ・ココ・ブームはあまりにも爆発的すぎたため、そのあっけない幕切れは生産地フィリピンの住民に甚大な経済的打撃を与え、心に深い傷痕を残した。

その様子を『朝日新聞』(一九九四年一一月三〇日、夕刊)が伝えている。同紙によれば、九二年まで約一〇〇万ドルだったナタ・デ・ココの輸出額が、九三年には約二六〇〇万ドルに急増(同年のフィリピンの加工果物輸出総額の約三割)。そのうち、九五%以上が日本向けの輸出だった。五〇年前、日本軍による住民の虐殺が繰り返されたルソン島中部の町ロスバニョスでも、大学教授・議員・銀行員・ジャーナリストから主婦や学生に至るまで、住民のほとんどが財布をはたき、多額の借金をして、競うようにナタ・デ・ココを作ったという。

フィリピン政府でさえ見通しを誤ったくらいだから、「民家の庭先にまで仲買人や商社員がやってきて」「住民から言い値で買ってくれる」様子を目の当たりにして、ロスバニョス住民がブームの先行きを見誤ったのは、当然といえば当然であった。だが、ブームはあっけなく終焉し、住民の多くは多額の負債を抱えた。そして、かつて日本軍による住民の殺戮が繰り返され、多くの犠牲者を出した町に、五〇年後の《日本人の気紛れ》に対する新たな嫌悪の感情が生まれたのだ。「これはビジネス」「今度は日本のせいでないと分かっていても、気持ちが整理できない」と語る住民の声を同紙は報じている。

二　《豊かな》胃袋の裏側で

進んで他人の不幸を喜ぶ者はいない。できることなら、世界中の人びとと共に仲よく暮らしたい、無意識の加担者にはなりたくないと、誰もが願うにちがいない。しかし、ナタ・デ・ココは結果的にフィリピンの人びとの心に大きな傷痕を残し、日本人に対する新たな嫌悪の感情を生んだ。

同じ現象はエビにも生じている。年によって変動するが、日本人は一人あたり年間二〜三kg、クルマエビに換算して七〇〜一〇〇尾も消費する「世界一のエビ好き民族」(一五ページ図1参照)といわれる。一九六一年に輸入が自由化されてから四〇余年が経過して、かつてのご馳走(天丼、天ぷらそば、エビフライなど)はわれわれ庶民の日常的な食べ物と化し、価格の安さゆえにグルメのリストからはずされる存在にまで地位が低下した。お蔭で庶民の食卓は豊かになった。

だが、その一方で、インドネシアやタイでは乱暴なトロール漁法(インドネシアでは一九八三年に全面禁止)による漁場の破壊・資源の枯渇、沿岸零細漁民の生活破壊、エビ養殖池の造成に伴う水田やマングローブ林の破壊、エビ養殖池から周辺水田に滲出した塩水による塩害の発生（米の収量低下）、土地の取上げに伴う零細小作人の生活破壊などを引き起こし、アジアのエビ輸出国の《無告の民・無《む》辜《こ》（＝罪のない）の民》の反日感情を掻き立てている（詳しくは、村井吉敬『エビと日本人』岩波新書、八八年、参照）。換言すれば、われわれの豊かな食卓は《海外産地の使い捨て》（『日本経済新聞』一九九五年八月四日）によって成り立っているのだ。

たとえば、先に「天ぷらそばの素材のルーツ」（二六ページ表2）を示したが、台湾はエビ輸入先の上位五カ国に入っていない。識者が指摘しているように、エビが日本の食卓に本格的に普及するようになったのは、一九七七年に台湾で「人工飼料＋栄養剤＋抗生物質」によるブラックタイガー（クルマエビの仲間で、和名はウシエビ）の《高密度集約型養殖》が始まったのが契機になっている。台湾は八七年に一時、日本のエビ輸入先のトップになった（ブラックタイガーの生産量は九万五〇〇〇トン、日本への輸出量は三万トン）。そのころ、台湾の西海岸各地には《エビ御殿》が立ち並んだという。

だが、喜びも束の間、一九八七年末から八八年にかけて生じた大量斃死《へいし》のために、八八年は三万トン、八九年はわずか八〇〇〇トンにまで生産量が激減。台湾における高密度集約型養殖は、わずか一〇年で終焉の時を迎えた（数字は、本尾洋「ウシエビ」吉田陽一編『東南アジアの水産養殖』恒星社厚生閣、九二年、および宮内泰介『エビと食卓の現代史』同文舘出版、八九年による）。エビ大量斃死の直接的な引き金になったのはウイルス病の発生だ。その背景には、過密養殖ストレスによるエビの免疫力の低下、抗生物質耐性菌の増加、人工飼料の食べ残しや排泄物による水質・土壌汚染（養殖池の老朽化）など、高密度集約型養殖が抱える構造問題があった。

その後、台湾の養殖技術と資本(開発輸入や買付輸入を目的に日本の商社・水産会社が支援)がタイに持ち込まれ、ブラックタイガーの養殖基地はバンコク市内に移った。ところが、養殖池の老朽化など高密度集約型養殖が抱える構造問題が未解決のままでの生産地の移動であったため、やがてタイでも病気の発生や養殖池の老朽化による生産力低下・コスト高などの問題が発生。主力生産基地はバンコク市内から同市周辺部、南タイへとタイ国内を南下。ついにインド、インドネシア、中国、ベトナムへと国境を越えて今日に至っている(石川一三「海老輸入の歴史」http://kyoto.zaq.ne.jp/dkaba703/soyokaze/ebia.htm および B. Rosenberry, *A Brief History of Shrimp Farming*, http://www.shrimpnews.com/History.html 参照)。

表2に示した「天ぷらそばの素材のルーツ」のうち、玄そば、小麦、大豆の輸入先国の順位が安定しているのに対して、エビの順位が大きく変動しているのは、このような《海外産地の使い捨て》というエビ養殖が抱える特殊事情があるからだ。ちなみに、一九九二年度に一位(一七%)であったタイが二〇〇〇年度に四位(七・五%)に順位を下げているのは、塩害による米生産力の低下を憂慮したタイ国科学技術環境省が九八年七月、中央平原の穀倉地帯でのエビ養殖を禁止したことの影響である(タイ「エビ養殖禁止措置に対する反発」、九九年一月一五日。禁止対象になった養殖池は約一万一二〇〇ha。農水省ホームページ『海外農業情報』に掲載)。

同じことは、バナナ(一九六三年に輸入自由化)やパイナップルにも言え、ひところの高級果物が、いまやわれわれ庶民にも手がとどく安価な果物となっている。四〇歳代以上の人びとなら実感できると思うが、子ども時代、バナナは遠足や誕生日など特別の日にしか口にできない高価な果物だった。それが現在では一房数百円でも売れ残り、追熟の進みすぎた哀れな姿を店先で晒している。

バナナは確かに安くなった。しかし、その裏面では巨大プランテーション資本による小作人の土地取上げ、主食自給構造の破壊と飢餓の創出、農園労働者の劣悪な労働環境、日常的な農薬被曝、化学肥料やプランテーションのみに許可される毒性の高い農薬（フィリピン）の多使用による環境汚染など、エビの高密度集約型養殖と同根の深刻な社会問題が多発している（詳しくは、鶴見良行『バナナと日本人』岩波新書、一九八二年、およびアースディ日本編『豊かさの裏側――私たちの暮らしとアジアの環境』学陽書房、九二年、参照）。

このように書けば、「自分が稼いだ金で何を買おうと、何を食べようと、他人にとやかく言われる筋合いはない。環境破壊や労働搾取は、エビやバナナの生産国政府が自らの責任において解決すべき国内問題」だと、不快に思う読者がおられるかもしれない。それも一つの見解ではある。だが、それは、途上国の人びとと共に生きることを拒否する《強者の論理》ではないか？

否、その見解や主張が、現代日本人の豊かな食卓の裏側に存在する諸問題の深刻さをつぶさに知ったうえでのものであるなら、あえてここに批判がましいことを書くつもりはない。価値観の押しつけは迷惑であろう。しかしながら、《あなた》は果たして、同じ見解や主張を、現地住民（無告の民・無辜の民）の前でも胸を張って披瀝できるだろうか？

もし、そうすることにわずかでも躊躇《ためら》いがあるのなら、その理由を是非、冷静に自己検証していただきたい。《他者との共生の視点》は、その自己検証から生まれると筆者は考える。

4 買い物は《投票行為》である

一 「農」と「食」に向かい合う姿勢

第一次中曽根内閣時代に秦野章・法務大臣が「この程度の国民なら、この程度の政治」という意味の発言をして(『文藝春秋』一九八三年一二月号)、国民の顰蹙《ひんしゅく》を買ったことがあった。上智大学の猪口邦子助教授(当時)は後に、それを「政治の質は、有権者一人ひとりの投影」(『朝日新聞』八九年七月一〇日)と表現した。表現上の巧拙は別にして、選挙(投票)により国民(有権者)が国会議員を選んでいる以上、政治の質的低下に対する選挙民の責任は棚上げにできない。

同じことは、食・農・環境にも該当する。農法とは、詰まるところ「生産者一人ひとりの『農』に向かい合う姿勢の表現であり、生産者個々人の生き方や価値観を端的に示したもの」だ。同様に、買い物は「消費者一人ひとりの『食』に向かい合う姿勢、生き方、価値観を端的に表現したもの」だ(安達生恒『日本農業の選択――農と食をつなぐ文化の再生』有斐閣選書、一九八三年)。

買い物は選挙の投票に似ている。さしずめ、紙幣は投票用紙であろう。候補者名を記入する代わりに、消費者はそれを支払う。消費者が支払った紙幣は最終的に農業所得となって、生産者のもとに集積する。そして、その多寡が、当該生産者（あるいは国内農業）が消費者に支持されたか否かの判断指標となる。

支持なき候補者は落選する。同様に、支持なき生産者は経営に窮する。図6（二八ページ）に見た「最終消費された飲食費の帰属割合」の動向は、国内生産者の《得票率（支持率）》が時間の経過とともに継続的に低下しているという、厳然たる《事実》を示している。つまり、日本の消費者は投票（買い物の仕方）を通じて、結果として、国内生産者への不支持を明確に表明しているのだ。

そういう解釈は本意に反する、と消費者は言うかもしれない。総理府（当時）をはじめ各種の世論調査では、農業・農村の存在意義を評価し、基本食料の自給率向上を求める声が多数派を占めている（総理府『食料・農業・農村の役割に関する世論調査』一九九六年、『農産物貿易に関する世論調査』二〇〇〇年など参照）。にもかかわらず、飲食費の帰属割合に現れる《支持率》は世論調査の結果とは逆の方向に明確に推移している。なぜか？

最大の原因は、小・中・高校生など消費者予備軍を含む「消費者教育の不完全さ」にある、と筆者は考える。詳しくは第5章で述べるが、商品の陳列棚の前に立ったとき、価格、外観（色艶・傷・虫喰い痕の有無）、サイズ、品質保持期限・消費期限（加工食品の場合）のほかに、何を基準にして毎日の商品選択を行ってきたか。消費者一人ひとりが自分自身の購買行動を振り返ってみれば、本音（支持率の低下）と建前（世論調査）との間になぜ乖離が生じるか、理解できるにちがいない。

果たして、われわれは商品選択に際し、国内の生産者や海外の《無告の民・無辜の民》との共生にまで想像力の視野を広げていただろうか？

選挙で候補者の選択を誤れば、ヒトラーが政権に就く。同様に、われわれ一人ひとりの食べ方の歪み（熟慮なき投票）がマス（衆・塊）となり、時代を反映した歪んだ消費の型と思想を形成するとき、生産の型も歪む。その歪みは国境を越えて海外にまで波及し、第三世界に住む人びとの生活破壊や資源収奪につながる危険性を孕《はら》んでいる。猪口邦子氏の表現を援用すれば、その意味において、《食・農・環境の質は、消費者（国民）一人ひとりの質の投影》ということができよう。

二　《無意識の加担者》からの脱却

馬鹿の一つ覚えと言っては語弊があるが、行政も、研究者も、関連業者も、そしてマスメディアも、口を開けば「消費者（市場）ニーズに合った生産」を言う。

農林水産省が一九九二年六月に発表した新政策（「新しい食料・農業・農村政策の方向」）には、わずか二八ページの短い本文中に三回も「消費者の視点に立って」という表現が用いられている。また、農業基本法（六一年六月制定）を大幅に改訂し、九九年七月に制定された新農業基本法（「食料・農業・農村基本法」）にも、①「食料の供給は……多様化する国民の需要に即して行われなければならない」（第二条第３項）、②「国は、消費者の需要に即した農業生産を推進する……」（第三〇条第１項）、③「国は……都市住民の需要に即した農業生産の振興を図る……」（第三六条第２項）との記述がある（傍点は筆者が附した）。

しかし、立つべき消費者の視点、即すべき国民・消費者・都市住民の需要が、先に指摘したような無意識の加担者としての自覚のないものであれば、さまざまの問題を新たに惹起することにもなる。「食料輸入大国日本」「無意識の加担者たち」「気まぐれグルメの果てに」などの見出しを掲げて論じた、われわれ日本人の「食」の現況とその波及効果にかかわる諸側面は、「消費者（市場）ニーズに合った生産」すなわち旧農業基本法以来、今日まで理論と政策の両面から一貫して推奨されてきた《消費者（市場）ニーズ適応（迎合・順応）型生産》の結果だ。ちなみに、旧農業基本法では「農業生産の選択的拡大」と呼ばれたが、その内容は「需要が増加する農産物の生産の増進、需要が減少する農産物の生産の転換、外国産農産物と競争関係にある農産物の生産の合理化」（第二条第１項）である。

この点、新政策や新農業基本法に示された「消費者（市場）ニーズに合った生産」との本質的な違いはない。あえて違いをあげれば、農業が有する多面的機能（「国土の保全、水源のかん養、自然環境の保全、良好な景観の形成、文化の伝承等農村で農業生産活動が行われることにより生ずる食料その他の農産物の供給の機能以外の多面にわたる機能」（新農業基本法第三条））への言及と、食料自給率の目標水準を設定し、その実現に向けて努力する政策的意思表明（第一五条）がなされている程度だ。

繰り返すが、図９（三四・三五ページ）に示したように、われわれ消費者・国民は、安全性に疑問のある食べ物が氾濫する悪循環の形成に関与した無意識の加担者でもあった。この《事実》を看過してはなるまい。なぜなら、消費者（市場）ニーズの動向を《不可侵の与件》とみなす、旧態依然とした《与件適応（順応）的な生産》によって招来されるのは、本章において縷々《るる》紹介した諸問題のさらなる悪化に他ならないからだ。自在に拡縮する巨大な胃袋の「負の波及効果」を是とせず、無意識の加担者たることを潔しとしないのであれば、われわれは何らかの形で悪循環から脱却する途を模索しなければならない。

悪循環から脱却するための方途の一つは、買い物の仕方、すなわち投票の仕方の変更だ。変更方法はいくつも考えられるが、まずは個々人が次に述べる「第四の基準」に照らし、これまでの自らの買い物の仕方を自己点検することから始めてはどうだろうか。後述するように、それは取りも直さず、日本の有機農業運動に学ぶことでもある。

三　第四の基準――フード・マイル、フェア・トレード

一九八七年にＥＣ（欧州共同体、現在はＥＵ（欧州連合）という）が域内での肉牛へのステロイド系成長ホルモン剤の使用を禁止し、また八九年には乳牛へのｒＢＳＴ（遺伝子組み換え技術を用いて製造した牛の成長ホルモン剤。ｒＢＧＨともいう）の使用中止を計画して、いわゆるＥＣとアメリカの「牛のホルモン剤戦争」が勃発した。

市民団体「安全な食と環境を考えるネットワーク」の伊庭みか子・事務局長によれば、この戦争は「『疑わしきは使用せず』とするＥＣと、科学的証明がないかぎり『疑わしきは罰せず』とするアメリカ」との貿易戦争だ。その契機は「一九八〇年代に入り、欧米やオーストラリアなどで成長を促進させる目的で肉牛生産にステロイド系成長ホルモンが使用され出し、八〇年代半ばにイタリアで男児と女児に異常な性発育が認められた」ことにあり、これを契機にヨーロッパで「第四の基準」、すなわち「健全な未来のための基準」を重視する新しい消費者運動が生まれたという（伊庭みか子「オランダの毒の花が暗示すること」『酪農事情』一九九三年六月号）。

ここにいう「第四の基準」とは、①量、②価格、③品質という既存の三基準に加えて、④倫理的または道徳的基準と呼ばれるものである。たとえば、「どんなに安全で環境にやさしい方法で栽培された農畜産物でも、二万km先で収穫されたものを空輸で翌日手に入れるような食べ方は健全とは言えない」（伊庭みか子・古沢広祐編著『ガット・自由貿易への疑問』学陽書房、一九九三年）とか、生産者を過度に搾取したり森林などを破壊して生産された生産物や、囚人強制労働・不法就労・児童労働など不当な労働力を使って生産された生産物、人種差別など人権を抑圧する国の生産物などは、それがどれほど安全・安価・環境保全的であっても買わない（投票しない）、という価値基準を指す。

筆者の知るかぎりでは、この問題にもっとも熱心な国はイギリスだ。第四の基準は、現在では「フード・マイル」「フェア・トレード」と具体化され、イギリスを筆頭にヨーロッパ諸国の環境保護運動や消費者運動においてポピュラーな言葉となりつつある。

ちなみに、イギリスの環境・食料・農村問題省のホームページ（http://www.defra.gov.uk/）に設けられた検索ボックスに「food mile」と入力すると、二〇〇三年四月現在、「イングランド地域開発計画」などに関する一万九四三二文書中の二八文書がヒットする。しかし、個々の文書にはフード・マイルの定義や説明はない。断定は避けるが、政府文書に定義や説明抜きで特定の用語が使用されるのは、説明を必要としないほどに国民の共通理解が進んでいる証のように筆者には思われる。

フード・マイルという言葉は、一九九二年にハワイで開催された「二一世紀の食の選択」と題する会議に招かれたテームズ・バレー大学（イギリス）のティム・ラング教授と先述の伊庭みか子氏が発案した概念で、文字どおり「食べ物（フード）の移動距離（マイル）」を指す。この新しい概念ができたときの様子を、伊庭氏は筆者に次のように語った。

「会議の有機食品セッションで、司会者が『いくら有機栽培でも数千マイルを飛んできた果物は購入するのを遠慮したい』という意味のことを言った。本人はとくに強い意図があって発言したようでもなかったが、『安全なら生産国は問わない』という消費者に対して、『国産を重視すべきだ』ということを説明するための論理を真剣に議論していたティムと私には、司会者の言葉が強く印象に残った。アメリカのロドニー・レオナルド（食料・環境政策の専門家）と消費者問題の専門家も同席していたと思うが、セッション後に議論し、私たちは『食品＋移動距離』を『食の健全性を判断する物差し』にすることを思いついた」

「帰国後、ティムはイギリスの輸入・国産食料のフード・マイルを計算し、『フード・マイルが長くなるほど環境負荷（大気汚染量）が増大する』ことを論文にまとめて、後にＩＦＧ（The International Forum on Globalization 経済などのグローバル化に反対する国際フォーラム。一九九四年一月にサンフランシスコで初会合）となるＮＧＯネットワークに配布し、ことあるごとにこの概念の意義を紹介した。その結果、一九九六年ごろには、フード・マイルの考え方は世界中の多くの農業・食料運動のリーダーたちの口をついて出るようになった」

筆者の見るところ、フード・マイルは「ローカル・フード（地域で穫れた食べ物）」とセットで使用される言葉だ。ＷＷＦ（世界自然保護基金、旧称・世界野生生物基金）やグリーンピースと共に世界三大環境保護団体と呼ばれる「地球の友」（本部はオランダのアムステルダム、六六カ国に支部をもつ）のイングランド支部では、「フード・マイルの短いローカル・フードは①生産者のためによい、②消費者のためによい、③地域経済のためによい、そして何よりも④地球環境のためによい」と解説し、積極的に運動を展開している。

ローカル・フードが生産者や地域経済のためによいのは、説明を要しない。それが消費者のためにもよいのは、たとえばファーマーズ・マーケット（朝市、日曜市など）のような地域の生産者と消費者が直に対面する場において、《触れ合い⇩学習⇩理解⇩信頼》という心理的紐帯《ちゅうたい》形成の階段を上ることが容易であり、それによって、消費者はローカル・フードへの支持と引き替えに生産者の農薬使用削減努力を引き出し、味（完熟の美味さ）、栄養価（輸送に伴う低下がない）、鮮度（その日の朝に収穫）、安全性（長距離移動に伴う病害虫発生を防止するためのポスト・ハーベスト農薬処理は不要）など、食べ物本来の質を有する生産物を適正な価格で確保しやすくなるからだ。

他方、輸入農畜産物、たとえばロンドンの食卓に届くスペイン産タマネギは約八〇〇マイル(一マイルは約一・六㎞)、アメリカ産リンゴは約四七〇〇マイル、南アフリカ産ニンジンは約六〇〇〇マイル、オーストラリア産やニュージーランド産タマネギは約一万二〇〇〇マイルもの長距離を移動する。そして、移動中に枯渇資源である化石燃料(石油)を大量に消費し、航空機やトラックの排気ガスに含まれるさまざまな化学物質によって大気汚染やオゾン層破壊などを引き起こして、地球環境に大きな負荷を与える。フード・マイルの短いローカル・フードでは、こうした問題は生じない(数字はＦｏＥ＝地球の友イングランド支部ホームページの掲載記事および http://www.mcspotlight.org/media/reports/foodmiles.html に拠った)。

また、フェア・トレード(社会的に公正な取引)は、①農業労働者への正当な賃金の支払いと良好な労働条件の確保、②牛・豚・鶏など量産家畜に対する生き物としての適正な扱い(鶏のくちばし切除・豚の尻尾切除・動物用医薬品の多投・過密飼育などの禁止)、③環境汚染や環境破壊に対する適切な防止策など、人・動物・作物・自然環境などに「やさしい(fair)」「適正・公正な(fair)」方法で生産された農畜産物かどうかを、購入(取引き・貿易)時の判断基準にしようということである。それは、アメリカやケアンズ・グループ(カナダ、オーストラリア、ニュージーランド、ブラジルなど一八カ国)など、農産物輸出国が主張する貿易保護削減(完全自由化)論に対する対抗概念となっている。

参考までに解説すれば、農産物輸出国側も輸出補助金、国内価格支持、高率関税、輸入割当、非関税障壁（検疫の強化など関税に拠らない輸入障壁）などを、保護貿易主義的で「不当・不公正＝アンフェア（unfair）」な措置だとして撤廃を求め、公正（fair）かつ自由（free）な競争を主張する。だが、第四の基準を重視する人びとは「資源を使い捨てにする効率一辺倒の《粗野な生産方式》と、環境保全などに留意した持続的で《慎み深い（decent）生産方式》とを、無条件に市場競争させるのはフェアではない」と反論している。このように、同じ《フェア》という言葉を使用していても、アメリカやオーストラリアなど新大陸型の思考と、ＥＵなど旧大陸型の思考との間には大きな違いがあることに、留意する必要がある。

四　ファストフードからスローフードへ

フード・マイルやフェア・トレードとも密接な関係があるが、第四の基準から演繹されたと思えるもう一つの活動に、「食事くらい、ゆっくり食べようじゃないか」とイタリアのジャーナリスト、カルロ・ペトリーニ氏が提唱した「スローフード」と呼ばれる運動がある。「《速い（fast）、気忙《ぜわ》しい食事》に対抗する《遅い（slow）、ゆったりとした食事》があって然るべし」というのが命名動機だ。「スローという表現はファストの反対語。ちょっとしたジョークだった」と同氏は述べている（*"The Seattle Times"*（アメリカ紙）一九九八年一一月一〇日）。

一九八五年に起きたマクドナルド第一号店のローマ進出をめぐる騒動を機に、八六年にイタリア北部ピエモンテ州トリノ市の南にあるブラという町で「スローフード協会」が誕生。八九年に「スローフード宣言」を発表し、それに共感する人びとがいま日本を含めた四五カ国に約七万人いるという。彼らは世界の百数十都市に設けられたコンヴィヴィア(convivia＝ラテン語で宴・会食の意味)と呼ばれる五〇〇カ所以上の拠点を中心に、「スローフード運動」を展開している。

言うところのスローフード運動とは、「ファストフード的思考および生活様式」すなわち「現代世界を席捲する『急ぎ足の生活(fast life)』」、効率主義、画一主義、割安原料の地球規模的買い漁り、フォーディズム(フォード主義＝ベルトコンベアー式生産ラインによる規格品の大量生産・大量消費・大量廃棄)などに由来する「食の均質化」「没個性化」を、「三つの指針」すなわち「①消滅の恐れのある伝統的な食材や料理、質のよい食品や酒を守る、②質のよい素材を提供する小生産者を守る、③子どもたちを含め、消費者に味の教育を進める」ことを通じて阻止しようとする運動である。そして、「ファストフードを食することを強いるファスト・ライフ(急ぎ足の生活)という病菌」「全世界的狂気」に立ち向かおうとする運動であるという(島村菜津『スローフードな人生！―イタリアの食卓から始まる』新潮社、二〇〇〇年)。

思うに、フード・マイル、フェア・トレード、スローフードなど現在ヨーロッパ諸国を中心に展開されている「食のパラダイム(価値体系・思考の枠組み)転換」の試みはすべて、三〇年以上前から草の根の運動として展開されてきた日本の有機農業運動、すなわち「生産者と消費者の『顔と暮らしの見える有機的な人間関係』を基盤にして展開する産直・共同購入運動(産消提携運動)」の理念に似ている。否、有機農業運動の理念そのものと言っても過言ではないように筆者には思える。

たとえばフード・マイルについて言えば、日本有機農業研究会（一九七一年一〇月一七日に結成。会員数約三〇〇〇名）が掲げた、身土不二（東洋の食養哲学では「しんどふじ」、日本の仏教界では「しんどふに」と発音するとされる。「人の身体と土・気候・風土は切り離せない。人が生まれ育った土地の三里（約一二㎞）四方で穫れた旬のものを食べる」という意味）、地場生産・地場消費、地域自給、地産地消（地域で生産されたものを、その地域で消費する）などの用語にこめられた理念と酷似している（身土不二の読み方については通説を紹介した。中国仏教の文献『廬山蓮宗寶鑑《ろざんれんしゅうほうかん》』（一三〇五年）で初めて「身土不二」という言葉が使用されたとされるが、筆者は原典を確認していない）。

日本の有機農業運動の理念・歴史・現状に関する詳しい紹介は別の機会に譲るが、この運動を唱導してきた日本有機農業研究会では身土不二、地域自給、地産地消などの用語に加え、次のような標語を掲げて「食のパラダイム転換」の必要性とその今日的意義を主張している。

＊消費者と生産者は生命と暮らしを守る同行者（パートナー）

＊生産者は消費者の生命に責任をもち、消費者は生産者の生活に責任をもつ

＊食べ物を工業製品と同次元の《商品》とはみなさない

＊自給する農家の食卓の延長線上に、都市生活者の食卓を置く

＊献立に合わせた食材の選択から、四季折々に供給される自然の恵みを「間引き菜から薹《とう》が立つまで」（一物全体＝畑まるごと、作物まるごと）利用する《畑に合わせた献立の工夫》へ

これらの標語の行間から、日本の有機農業運動においては、「土とのかかわり方が己の生き方」だと価値転換した生産者と、「食べ方はすなわち生き方」だと心得る消費者が堅く連帯していることがうかがえて、興味深い（白根節子『たかが菜っぱの話から――現代食べもの文化考』ダイヤモンド社、一九七九年、前掲『日本農業の選択』、参照）。

故事・成句に、「遠きは花の香、近きは糞の香」「道は近きにあり、然るにこれを遠きに求む」「隣の花は赤い」などという。海外、とくにヨーロッパの新しい運動＝食のパラダイム転換の試みの多くが、日本の有機農業運動の理念と実践のなかにすでに包摂されていた事柄であることを、われわれは知る必要がある。第5章で詳述するが、アメリカで近年、急増している「CSA（地域で支える農業）運動」のルーツも、日本の有機農業運動だ。

しかし、そうした事実を知ってか知らずか、今日、CSAに学べとか、スローフードに学べといった論考が後を絶たない。明治維新からすでに一三〇余年が経過しているにもかかわらず、いまだに黒船（白人）文化や欧米人の言説をもてはやし、カタカナ語を殊のほか珍重する拝欧主義的アカデミズムから脱却できない、現代日本の知的状況を反省する必要がある。

五　自給率の向上――生産者の努力・消費者の支援

最後に、農林水産省による《興味ある試算》を紹介しておきたい。

図10　主要先進国の食料自給率の推移（供給熱量）

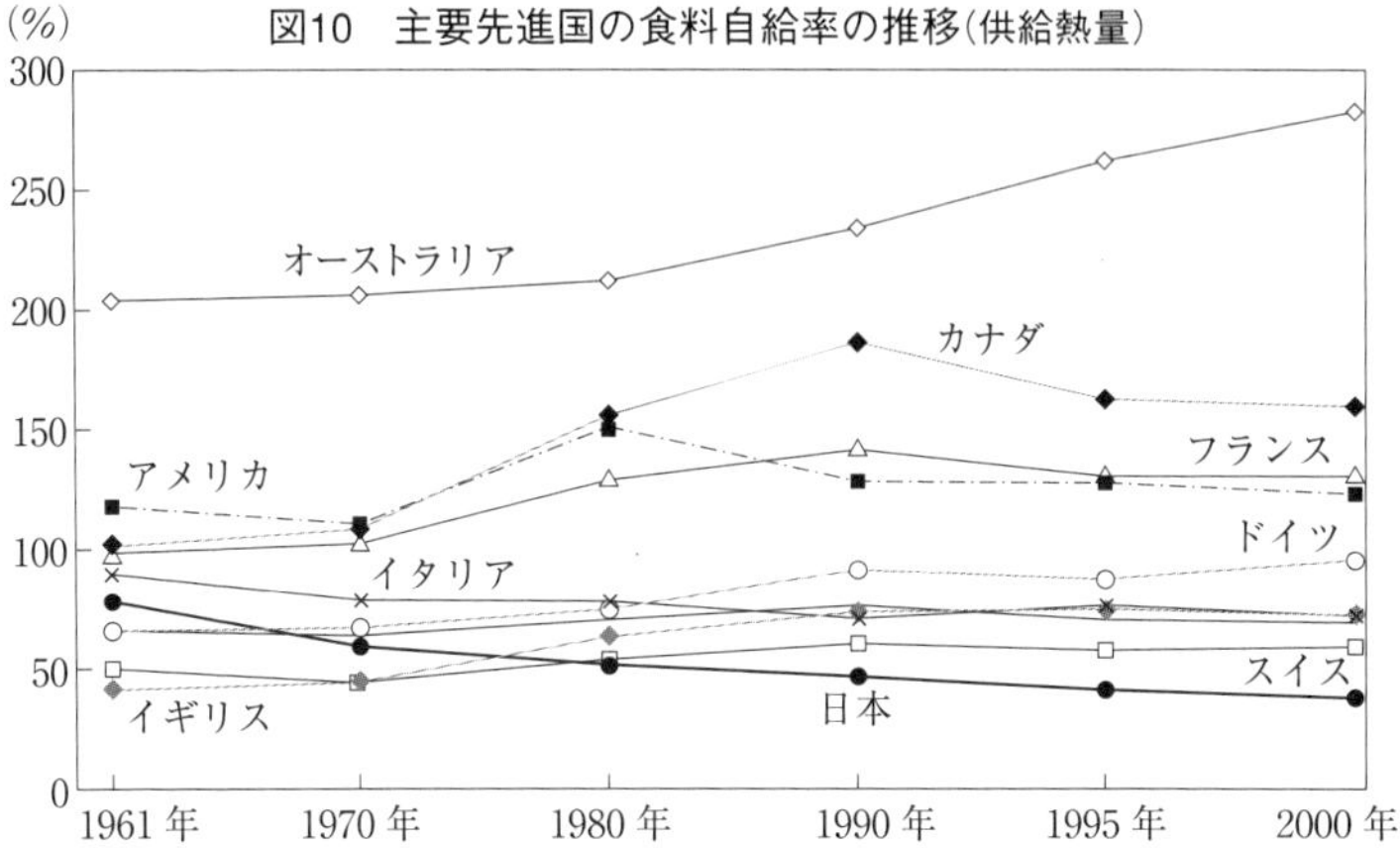

（資料）農林水産省『我が国の食料自給率――平成13年度食料自給率レポート・食料需給表』2002年12月。

先にわれわれは、日本の食料自給率（供給熱量ベース）が危機的状況にあることを知った（一九ページ図3参照）。**図10**は「世界のパン籠・穀物倉」といわれる農業超大国アメリカ、農産物純輸出国フランスおよびオーストラリアを含めた、主要先進国の供給熱量自給率を比較したものだが、ここからも日本の自給率が異例の低さであることがわかる。

こうした事態を憂慮した農水省は「食料・農業・農村基本法」第一五条の規定に基づき、二〇〇〇年三月に「食料・農業・農村基本計画」を策定。一〇年度の供給熱量自給率の目標水準を四五％に設定した。

数値目標については当時、民主党、社民党、共産党などから「五〇％に……。否、五〇％と言わず、それ以上をめざすべし」との異論が出されたが、正直なところ筆者には、そうした異論は単に数字の多寡を競うだけの《机上の舌戦》のように思えた。五〇％の論拠は、一九八〇年代前半の供給熱量自給率が五〇％強であり、当時の日

表４　供給熱量自給率を１％向上させるのに必要な国内生産量の拡大
（農林水産省試算）

小麦の場合	42万トン（作付面積は12万 ha）の国内生産の拡大と輸入物との代替が必要				
	国内生産量 作付面積	58万トン 17万 ha	（11年度）→	100万トン 29万 ha	（約1.7倍）
大豆の場合	28万トン（作付面積は16万 ha）の国内生産の拡大と輸入物との代替が必要				
	国内生産量 作付面積	19万トン 11万 ha	（11年度）→	47万トン 27万 ha	（約2.5倍）
自給飼料作物の場合（牛乳・乳製品に仕向ける場合）	1,536万トン（作付面積は39万 ha）の国内での飼料作物生産の拡大と輸入物との代替が必要				
	国内生産量 作付面積	3,803万トン 96万 ha	（11年度）→	5,339万トン 135万 ha	（約1.4倍）

（資料）農林水産省『食料・農業・農村白書』（平成12年度版）41ページ。

本人の平均的な食生活が世界でもっともＰＦＣバランスのとれた、理想的な「日本型食生活」であったことによると考えられる。

確かに、目標は高いほうがよい。だが、「供給熱量自給率を一％高めるのに、どれほどの努力が必要か」について認識の共有化が図られなければ、舌戦は空洞化し、建設的な議論とはなり得ない。

そう考えて資料を集めはじめたとき、旧農業基本法下において国会提出される最後の白書となった一九九八年度の『農業白書』の中に《興味ある試算》を見つけた。幸い、試算は新農業基本法下の二番目の白書となる二〇〇〇年度の『食料・農業・農村白書』にも引き継がれ、更新されていた。以下、その要点を紹介する（農水省『食料・農業・農村白書』（平成一二年度版）四一ページより）。

まず、**表４**は、われわれの食のあり方（これまで論じてきたようなさまざまの問題を抱えた日本の食料消費構造＝消費者ニーズ）を《不可侵の与件》とした場合、「供給熱量自給率を

表5　供給熱量自給率を1％向上させるのに必要な消費量の増加
（農林水産省試算）

	米	小　麦	大　豆
1人1日あたりに必要な消費量の増加	約　7.4g	約　7.1g	約　6.1g
1999年度の1人1日あたりの供給量	178.0g	88.4g	17.8g
備　　考	1回の食事につき、ご飯をもう1口。	国産小麦100％使用のうどんを月に3杯。	国産大豆100％の豆腐を月に3丁。

（資料）農林水産省『食料・農業・農村白書』（平成12年度版）42ページに基づき作成。

一％向上させるために、国内生産（作付面積）をどれくらい拡大しなければならないか」を示したものだ。

試算方法が提示されていないので数字の妥当性についてはコメントできないが、同表によれば、供給熱量自給率をわずか一％向上させるだけでも、①小麦の場合は作付面積を一九九九年度の約一・七倍、②大豆の場合は約二・五倍、③自給飼料作物の場合は約一・四倍に拡大しなければならない。これは作目単独での数字だから、各作目を三分の一ずつ拡大すれば自給率は計算上、一％向上する。同様に、三つの作目の国内生産を同時に拡大すれば、供給熱量自給率は三％向上する。だが、日本農業の現状から判断して、よほどの政策的支援と生産者の努力がないかぎり、実現は非常にむずかしい。

次に、**表5**を見てみよう。これは「消費者が意識的に食べ方を変えた場合」の試算だ。試算に際して農水省は、①供給された食料は全量ロスなく国民の胃袋に収まり（供給熱量と摂取熱量が等しい）、②ご飯や豆腐（国産大豆一〇〇％使用）などの消費量を増やせば、それと同量の輸入原料由来食品の消費量が減少する（胃袋の容量は一定）と仮定。そのうえで、消費者が「ご飯・その他の純国産食品をもう一口多く食べれば食料自給率はどうなるか」を試算している。
具体的な試算方法は以下のとおりである。

＊一九九九年度の国民一人一日あたりの供給熱量は二六一九キロカロリーだから、この一％にあたる二六キロカロリーの熱量が国産農産物から賄われれば、食料自給率は一％向上する計算になる。この二六キロカロリーは精米に換算すると約七・四gとなり、ご飯二口分に相当する。仮に一日二食がご飯食だとすれば、一食につきもう一口多くご飯を食べれば、計算上、食料自給率は一％向上する。

＊同様に大豆について見ると、供給熱量一％に相当する大豆は、一人一日あたり約六・一gとなる。これは豆腐一丁の約一〇分の一に相当する。通常、私たちが食べている豆腐には国産大豆と輸入大豆の両方が使用されているが、一カ月に国産大豆一〇〇％使用の豆腐三丁を追加的に食べることにより、食料自給率は一％向上する計算になる。

ちなみに、もし、消費者が三つの事柄、すなわち①一回の食事につきご飯をもう一口多く頬張り、②国産小麦一〇〇％使用のうどんを一カ月に三玉分多く献立に加え、③国産大豆一〇〇％使用の豆腐を一カ月に三丁(または一パック四五gの納豆を一カ月に四パック)多く食べるように心がければ、供給熱量自給率は一挙に三％も増加する計算になる。表４に見た国内生産拡大の大変さと比べれば、この程度のこと、なかんずく、ご飯をもう一口多く頬張ることなど、造作ないではないか。

このほか、農林水産省はインターネットのホームページ(http://www.maff.go.jp/)に同省が作成した

「食生活自己診断ソフト」を掲載し、それを活用して国民一人ひとりが自らの食生活を自己診断することを呼びかけている。詳細に検討すれば、試算方法に改善の余地が多々あるかもしれないが、数字の多寡を競うだけの空疎な《机上の舌戦》から脱却する方法として、もっと評価されてよいアイデアだと思う。

しかし、白書の記述には、歴史的考察ならびに経済学的考察がない。自給率の向上について、二〇〇〇年度の白書は次のように書く（四〇ページ、傍点は筆者）。

「食料自給率目標は、生産者、消費者等の関係者が、食料消費及び農業生産の両面にわたる課題の解決に向けて取り組み、その達成を図るべき国民参加型の取組みの指針であり、国はもとより生産者、食品産業の事業者及び消費者、さらには地方公共団体や関係団体を含めた関係者全体で、その達成に向けて取り組んでいくことが必要である」

「食料消費については、健康で充実し、活動的な長寿社会の実現を目指し、脂質の摂取過多の改善等適切な栄養バランスの実現を図るとともに、食料資源の有効利用、環境への負荷の低減といった観点から、食品の廃棄や食べ残しを減少させることが重要な課題であり、消費者、食品産業の事業者その他の関係者がこれらの課題についての理解を深め、食生活の見直し等に積極的に取り組む必要がある」

「農業生産の増大については、国内産の農産物等が消費者や実需者によって選択されることを通じて初めて実現されるものであり、基本計画で示された品目ごとの生産性・品質の向上等の課題の解決に向けて、農業者その他の関係者が積極的に取り組む必要がある」

どこが問題なのだろうか。先に筆者は《買い物は投票》だと書いたが、投票の意思決定にもっとも大きな影響を及ぼしたのは価格だ。経済学の価格理論を持ち出すまでもなく、支払価格に見合うだけの価値（商品から得られる効用）が備わっていれば、消費者は進んで国内産農産物に投票（購入）する。だが、図5および図6（二四、二八ページ）に示したように、日本の消費者は投票を通じて国内生産者への不支持を表明した。これは、単に国産というだけでは輸入農産物との価格競争に勝てなかったことを意味する。

消費者の支持を得るためには、支払価格に見合うだけの価値を備えなければならない。その方途の一つは、日本農業全体を環境への負荷軽減に資する有機農業（無農薬＋無化学肥料栽培）やエコ農業（減農薬＋減化学肥料栽培）など《消費者に支持される農業》に転換し、安全・安心・健康など消費者ニーズに合致した農産物を安定的に生産・供給することだ。しかも、輸入農産物に対抗できる価格で。

そのための具体的な施策は、有機農業やエコ農業に対する直接支払制度の導入などを《WTO体制下における日本農業の生き残り策》として位置づけ、環境にやさしく、かつ、消費者ニーズに合致した農業を農水省が省をあげて推進することだ。ちなみに、一九九三年二月から二〇〇〇年八月まで七年半、三人の農業経済学者が農政の舵取りを行った韓国では、親環境農業（有機農業＋エコ農業）を韓国農業の生き残り策として農政の中軸に位置づけ、九九年度から親環境農業直接支払制度、〇一年度から水田農業直接支払制度を導入している（詳しくは拙稿「親環境農業路線に向かう韓国農政——農林部長官・大統領府主席インタビューから」『農林水産政策研究』第二号、二〇〇二年三月参照。http://www.primaff.affrc.go.jp/seika/kankou/seisaku/2/seisakukenkyu2002-2-2.pdf に掲載）。

他方、個々の消費者においては、無意識の加担者からの脱却を図るため、以下に示す具体的方策のどれかにトライすることを提案したい。

① 居住地近辺の産直・共同購入グループに参加する。

② 食の安全性、環境保全、第三世界との共生などの課題に積極的に取り組む、近くの生協（首都圏では生活クラブ生協や東都生協、九州・中国地方ではグリーンコープなど）に加入する。

③ 大地を守る会、ポラン広場、らでぃっしゅぼーやなど、有機農産物・エコ農産物の専門流通事業体の消費者会員になり、宅配などを利用する。

④ インターネットで有機農業やエコ農業の生産者団体の連合組織（たとえば、e有機生活、ぐりーん・ねっとわーく・ジャパンなど）を検索し、農法などの確認を行ったうえで、宅配を利用する。

⑤ エビやバナナについては、環境保全に留意し、現地生産者との共生に心がける民衆貿易団体（たとえば、ＡＴＪ＝オルター・トレード・ジャパン社）や同団体の生産物を扱う生協などを利用する。

⑥ 一般小売店を利用する場合は、時間と家計の許す範囲でいいから「簡便性というサービスの購入」を自制し、国内生産者への帰属部分が増える生鮮品に投票して、自家調理比率を意識的に増やすよう心がける。そして、生鮮品の購入は旬を基本にする。旬の総体を的確に味わうためには、それなりの貯蔵・加工・調理の技術と工夫（包丁を握る人の力量）が必要だが、「旬の時期に旬のも

の（青果物・魚介類）を買うと、その他の時期より三割くらい安く、一世帯平均でひと月に約八〇〇〇円の倹約」（『フロムニッセイ』一九九四年五月号）にもなるという。

無理をしては長続きしないが、それぞれの認識・自覚・行動力に応じて、消費者一人ひとりが投票の仕方をいささかなりとも変えてみることにより、食・農・環境の世界における悪循環の環を断ち切るダイナミズム（活力）が生まれるにちがいない。本章の問題提起がその契機になれば、幸いである。

第2章

「隣人」と共生する食べ方
――BSE(牛海綿状脳症)の教訓

1 BSE(牛海綿状脳症)の発生

一 無視された欧州委員会の警鐘

二〇〇一年九月一〇日、午後六時三〇分、農林水産省は「牛海綿状脳症(BSE)の疑いのある乳牛が確認された」ことを発表した。記者会見した畜産部長は「断定ではない」ことを強調したが、検体と検査データをイギリスの獣医研究所に送付して最終確認を依頼した結果、九月二一日夜に回答が届き「BSEである」ことが確定。農水省は二二日午前二時、異例ともいえる未明の記者会見を開いて、この事実を明らかにする(『朝日新聞』〇一年九月二二日)。

それまで農水省は、「BSEが国内に侵入した可能性は『汚染肉骨粉で十kg相当』と試算。……『数十kgから百kg以下』は、国内侵入の危険性は『限りなくゼロ』に近い。……汚染肉骨粉量十~百トンという欧州連合(EU)の水準と比べれば、ケタ違いに低い」と胸を張っていた(『日本農業新聞』二〇〇一年五月一九日)。

これに先立つ二〇〇〇年一一月には、欧州委員会科学運営委員会事務局から『日本のBSEステータスの評価に関する報告(第一次草案)』が送付され、「①輸入肉骨粉による海外からの侵入の可能性があること（特に、一九九〇年の英国からの輸入肉骨粉については高度の可能性）、②日本のＢＳＥの感染を防止するシステムは極めて不安定であり、国内における増幅の可能性がある」ことなどを論拠に、「カテゴリー『Ⅲ』、すなわち国内牛がＢＳＥ病原体に感染している可能性がある（likely）が、その確認はまだなされていない」高リスク国に日本が分類されていることを農水省は知った。このときも猛反発する。そして、「〇一年一月から四月まで毎月、農水省担当者をブラッセルに派遣し、欧州委員会科学運営委員会事務局との間で協議を行う」とともに、三月および四月に合計五通の書簡を送って、日本を高リスク国に位置づけるＥＵ独自の評価基準に対して強く抗議した（第三回「ＢＳＥに関する調査検討委員会」〇一年一二月二一日）に提出された、農水省資料「ＥＵのＢＳＥステータスの評価に関する経緯」より要約。傍点は筆者）。

しかし、日本に対する欧州委員会の厳しい評価は、『第二次草案』（二〇〇一年一月）および『最終草案』（同年四月）においてもゆるがなかった。そのため、業を煮やした農水省は〇一年六月一五日、「我が国を対象として進められている（ＥＵ独自の）現行基準による委員会の評価については行わないよう申し入れたく、ご連絡します」との書簡を欧州委員会保健消費者保護総局のコールマン総局長宛に送付し、三年前（一九九八年二月）に自らが申請した「ＥＵによるＢＳＥステータス評価」を一方的に取り下げたのである。

ちなみに、農水省は二〇〇一年三月一六日付書簡において、「我が国のＢＳＥの現状については、カテゴリー『Ⅰ』（国内牛がＢＳＥ病原体に感染している可能性が非常に少ない（highly unlikely））か『Ⅱ』

（可能性が少ない（unlikely））に該当する」と主張。また、同年四月二七日付の書簡では「……結果如何では、我が国の消費者の食肉等への信頼、畜産業に極めて深刻な影響が及ぶ可能性があり、重大な関心を有しています」と、ＥＵのＢＳＥステータス評価に起因する《風評被害》を懸念し、欧州委員会科学運営委員会が作成したＥＵ独自の評価方法ではなく、ＯＩＥ（国際獣疫事務局）が定める国際基準に基づいて評価すべきだと主張した。ＯＩＥ基準（International Animal Health Code）に基づいて評価すれば、日本は「国内発生のないＢＳＥ暫定清浄国」に位置づけられる、と考えたからである（前掲の農水省資料より）。

この「ＢＳＥステータス評価申請取下げ」のニュースは二〇〇一年六月一七日、ＡＦＰ（フランスの通信社）によって世界に配信された。翌日の定例記者会見において、事情説明を求められた熊澤英昭・農林水産事務次官（当時）は、「ＥＵの評価あるいは評価方法は、日本の見解と食い違いがある」ことを紹介。ＢＳＥが「ずっと発生していない状態が事実として継続的に存在している」ことから、日本は「きわめて安全性が高い」国であることを繰り返し強調した。

だが、それからわずか三カ月後、日本は東アジア初、世界で一九番目のＢＳＥ汚染国になった。

二　脆弱な安全性の論拠

農水省は先に述べた欧州委員会との協議と併行して、ＯＩＥ基準に基づく日本独自のＢＳＥステータス評価の作成作業を進めていた。EU独自の評価方法と、それを適用した日本のBSEステータス評価への反論が目的であったと思われる。そして、自前のステータス評価基準案を二〇〇一年三月一四日に開催された第三回「牛海綿状脳症(BSE)に関する技術検討会」(座長＝小野寺節・東京大学教授。二〇〇〇年一一月一三日発足、以下「技術検討会」)に提出し、さらに八月一〇日、同評価基準に基づいて行った各国のBSEステータス「暫定評価結果案」を第四回「技術検討会」に提出した。この結果案では、日本は四段階評価でもっとも危険性の低い「低リスク国」に位置づけられている。

だが、第四回「技術検討会」が開かれる四日前の八月六日、のちに日本におけるBSE第一号と確定診断される乳牛が食肉処理場での生体検査で「敗血症」と診断されて、「全部廃棄」。BSE検査のために千葉県家畜保健衛生所に引き取られた頭部を除いて、肉骨粉(飼料・肥料の原料)に加工されていた(農林水産省・厚生労働省「BSE問題に関する調査検討委員会報告参考資料」二〇〇二年四月)。

なぜ、発生リスクがきわめて低いはずの《低リスク国・日本》で、BSEが発生したのだろうか。すでにマスメディアや書店にあふれる多数のBSE関連の出版物が指摘するように、また二〇〇二年四月二日に発表された『BSE問題に関する調査検討委員会報告』(委員長＝高橋正郎・女子栄養大学大学院客員教授。〇一年一一月六日発足、以下「調査委員会」『BSE問題報告』)にも指摘されているように、その主因はリスク評価の基礎になる事実確認を怠った《行政の不作為》(調査委員会は「重大な失政」と断定した)にあると言わなければならない。

そのことを、二〇〇一年三月一四日にプレス・リリースされた、第三回技術検討会『概要報告』によって確認してみよう。『概要報告』の「別紙2」には、次のような記述がある。

「危険度評価に当たっては、輸出国において過去一定期間にわたり①汚染肉骨粉等の侵入の可能性(侵入のリスク)、②反すう動物由来の肉骨粉の反すう動物への給与防止が有効にとられているか否か(曝露のリスク)、③サーベイランス(疾病の発生状況・推移などの継続的監視)体制が整備されているか否か、に基づき評価するという事務局の手法を適用することで差し支えない」

「この手法を用いて我が国のBSEステータスを評価した場合、①輸入により生じた可能性のある汚染肉骨粉の量は少ないことから、侵入のリスクは小さく、②肉骨粉の反すう動物への給与中止も有効に実施されており、また、③サーベイランス体制も概ね整備されていることから、(BSEが)発生するリスクは極めて低いと評価される」(傍点は筆者)

しかし、「量は少ない」(一〇kg程度)とされていた汚染肉骨粉については、調査の結果、一九九五年から九八年六月までの間に丸紅や三菱商事など五つの商社によって八回に分けてイタリアから輸入された計六〇六トン(!)の肉骨粉が消毒基準(一三六度・三〇分・三気圧)を満たしていなかったことが、二〇〇二年二月一三日に確認された(『毎日新聞』〇二年二月一四日、NHKスペシャル「肉骨粉・汚染ルートを追う」五月二六日より)。

しかも、農水省はかなり早い時期から、それに気づいていた。その証拠は、農林水産審議官が二〇〇一年三月一日に、また農林水産大臣が三月二日に、それぞれ欧州委員会に送付した書簡中にある。同書簡において両者は、同委員会が「イタリアなどEU加盟国の検査証明書の信頼性を不十分」だと独断していると批判し、次のような厳しい語調で抗議している。

「仮にこのようなことが正当化されるとすれば、我が国において、すべてのEU加盟国の発行する検査証明書の信頼性そのものに疑問を呈する議論が引き起こされ、ひいては、日・EU間の深刻な貿易問題に発展しかねない」

また、『毎日新聞』はこの問題について次のように報じている。

「狂牛病問題で、欧州連合（EU）の執行機関・欧州委員会が九八年五月、イタリアの肉骨粉製造施設について『危険性が高い』と指摘していたことが一三日、毎日新聞が入手した調査報告書で分かった。日本の狂牛病発生の危険性を指摘するEU最終報告書草案もこの報告書に言及していた。農水省は今年一月にこの報告書を入手して、イタリアに照会する一方、国会では安全性を強調する答弁を繰り返していた」（二〇〇一年一二月一四日）。

他方、肉骨粉の牛への給与中止が「有効に実施」されていたとする点については、二〇〇一年一〇月二五日、農水省の調査で「一五道県の一六五戸の農家が五一一九頭の牛に肉骨粉、蒸製骨粉（動物の生骨を加圧蒸解して乾燥・粉砕したもの）、血粉（家畜の血液を加熱凝固して乾燥・粉末化したもの）を給餌していた」ことが明らかになった。ただし、この頭数は「現在飼養されている頭数」であり、肉にするためにすでに市場出荷された牛の頭数は含まれていない。

なぜ、このような《不祥事》が起きたのだろう。すでに各方面から指摘されているように、その原因は《危機意識が著しく欠如した農水省》にある。

二〇〇一年一二月五日の衆議院農林水産委員会で、武部勤・農水大臣(当時)は、こう答弁した。
「(WHOの九六年四月の勧告を受けて)牛の肉骨粉を牛に給与しないよう、都道府県や全農、全酪連等の農業団体に対して指導通達を発出し」「農家や農協等への指導通達を周知徹底する努力」をしてきたほか、イギリスからの牛肉加工品や肉骨粉の輸入禁止、サーベイランスの実施など、BSEの発生「リスクを最小限に抑えるための必要な措置を講じてきた」

だが、武部大臣のいう「指導通達」とは、巻末の**【参考資料①】**(二六三ページ)に示したような、本文わずか六行の簡単な「お知らせ」にすぎない。しかも、この「お知らせ」は肝心の畜産農家には届いていなかった。二〇〇二年二月五日に開催された第一五四回国会本会議で、「農林水産大臣武部勤君不信任決議案」の提案趣旨を説明した鮫島宗明・衆議院議員(民主党)は、次のように武部大臣の姿勢を糾弾している。

「武部大臣は、BSE疑似患畜が発見される直前まで、日本でBSEが発生する危険はないと言い続け、二〇〇一年六月にはEUのBSEステータス評価調査を中断させた」

「武部大臣が安全性の根拠としていたのは、一九九六年四月に出された畜産局流通飼料課長名の通達である。通達が出されている以上、BSEは発生しないだろうというのが大臣の主張だ。しかし、通達の内容が曖昧だったため、都道府県の担当者の多くは飼料メーカーへの通達と誤解し、畜産農家に情報を流す努力をした自治体は、四七都道府県のうち一〇府県にすぎなかった」

「その結果、判明しているだけでも五二〇〇頭近くの牛に、通達後も肉骨粉が与え続けられた。

この事実を突き付けられた武部大臣は、通達の不徹底を反省するどころか、『行政指導を知らなかったのは農家の恥』だと居直り、生産農家から猛反発を買った」（議事録より筆者が要約）

以上が、農水省が日本をＢＳＥ「低リスク国」と自己評価した論拠の実態だ。不適切というほかない。欧州委員会が指摘したように、日本へのＢＳＥ侵入リスク、曝露リスクはともに高かったのだ。ＢＳＥ汚染の可能性のある肉骨粉は一〇kgどころか、その六万倍以上（六〇六トン）も国内に侵入していたし、通達は畜産農家には届かず、「現在飼養されている頭数」だけでも五〇〇〇頭を超す牛が肉骨粉の混ざった餌を食べていた。呆れるほどの杜撰《ずさん》・無責任ぶりだ。

後者の点について武部大臣は、「四五九万頭、一三万六〇〇〇戸に及ぶ全頭、全戸を調査し、約五〇〇〇頭の牛に肉骨粉が給与されていたことがわかった。しかし、比率からすると〇・一一％のオーダー」だと、通達違反事例の少なさを強調し、通達には「一定の効果があった」（第一五三回国会「厚生労働委員会・農林水産委員会・経済産業委員会連合審査会」二〇〇一年一一月一六日）と答弁している。思うに、「たとえ法律で規制したとしても、〇・一％程度の違反者は出る」と言いたかったのかもしれない。もし、そうだとすれば、武部大臣は事の本質をまったく理解していないことになる。

のちにＢＳＥ第一号となる乳牛が発見されたとき、畜産部長は事実関係を確認もせずに「焼却処分された」と応答。その後「焼却処分ではなく、肉骨粉に加工されていた」ことがわかって、国民の顰《ひん》蹙《しゅく》を買う。それと同様に、農水省は通達（一九九六年四月）後の事実確認もせずに「（通達した以上）肉骨粉が牛に給与されることはない」と言い続け、低リスク国評価の論拠にもしていた。だが、調査の結果、二〇〇一年一〇月になって五〇〇〇〇頭を超す牛に肉骨粉が給与され続けていた《事実》が明らかになった。言葉は悪いが、農水省も大臣も結果的に《ウソ》を言い続けたことになる。このような《失態》の積み重ねが消費者・国民の行政不信を助長し、信頼回復を困難にしている。これこそが、事態の本質である。

もう一つ筆者が疑問に思うのは、「現在我が国が講じている措置は、BSEの侵入防止策として十分に有効であると思われる」と農水省のBSE対策を評価し、日本を「低リスク国」に位置づける農水省自前のリスク評価を追認した、「技術検討会」の専門家たちの判断だ。すでに述べたように、欧州委員会科学運営委員会事務局から二〇〇〇年一一月に『第一次草案』が送付され、その翌年一月に『第二次草案』、四月に『最終草案』がそれぞれ送付されている。七名の専門家たちはこれらの内容を検討したうえでなお、農水省の一連のBSE対策を「十分に有効」だと評価したのだろうか。

もし、そうだとしたら、彼らは専門家としての資質に欠けると言わざるを得ない。また、もし、農水省が欧州委員会の草案を「技術検討会」に提示していなかったとすれば、その行為は《官僚による委員会操作》（行政にとって都合の悪い資料やデータを隠蔽する情報操作）だと言わねばならない。

この点について、武部・農水大臣と坂口力・厚生労働大臣の私的諮問機関である「調査委員会」は、二〇〇二年四月二日に発表した『BSE問題報告』において、「日本の審議会や検討会は、行政から諮問、提示されたテーマを議論し、官僚が書く文案に沿って答申、報告、意見具申するケースがほとんど」であり、「行政が政策立案の客観性を装う隠れ蓑に使っているという批判が強かった」と指摘している。しかし、『ＢＳＥ問題報告』には、筆者の疑問（「技術検討会」が隠れ蓑に利用されていなかったかどうか）に応えてくれる具体的な記述はなかった。

三　《無意識の加担者》再論

「調査委員会」は『ＢＳＥ問題報告』において、農水省の危機意識の欠落および危機管理体制の欠落を「重大な失政」と断じ、多くの紙幅を割いて、食品の安全性にかかわるリスク分析の導入、消費者の保護を基本とした包括的な食品の安全を確保するための新しい法律の制定、新たな食品安全行政組織の設置の必要性など、さまざまな改善策を提言した。

また、農水省は『ＢＳＥ問題報告』の指摘を受けて、二〇〇二年四月一一日に『「食」と「農」の再生プラン』を発表し、「消費者に軸足を移した農林水産行政を進める」ことを公約した。この「再生プラン」は、①食の安全と安心の確保（消費者第一のフードシステムの確立）、②農業の構造改革の加速化（意欲ある経営体が躍進する環境条件の整備）、③都市と農山漁村の共生・対流（人と自然が共生する美の国づくり）を三つの柱に据えている（詳細は、農水省のホームページ http://www.maff.go.jp/syoku_nou/syoku_nou.html を参照）。

見るところ、このような農政の軸足の切替え、すなわち「農林関係議員と共有してきた」「生産者偏重の体質」（『ＢＳＥ問題報告』の指摘）から脱却して、「消費者に軸足を移した農林水産行政を進める」

と公約した農水省の姿勢に対する消費者・都市生活者の評価は、総じて高い。だが、筆者は、そうした巷間の評価には軽々しく賛成できない。その理由は、『BSE問題報告』には、消費者もまた買い物という投票行為を通じて、BSEの発生に関与した《無意識の加担者》であった、とみる視点、すなわち第1章(三四・三五ページ図9「日本の農業を農薬・化学肥料多投型農業に変質させた7つの道筋」)で縷々論じた社会経済学的なマクロの視点が欠落しているからである。

『BSE問題報告』には、確かに「消費者は安全な食品を十分な情報を得た上で、選択できることを保証される権利をもっている」「消費者の信頼を失えば生産者は生き残れないことが今回はからずも証明された」との指摘がある。また、食品の安全性を確保するための多様な改善策(「新しい消費者の保護を基本とした包括的な食品の安全性を確保するための法律の制定ならびに新しい行政組織の構築」)の必要性が強調されている。これらの指摘には、筆者も全面的に賛成だ。

しかし、「肉骨粉は第二次大戦後に欧米で広く使い始め各国に普及したが、自然の食物連鎖を変えたためにBSEを招いたことは経済効率を最優先した近代畜産の陥穽というべきかもしれない」と論評する、報告書執筆者たちの姿勢には、違和感を覚える。ここには、彼らもまた牛肉の価格低下を歓迎し、その消費を通じて間接的に近代畜産の展開をサポートした《無意識の加担者》であった、という事実認識が欠落しているからである。

図9において筆者は、「安全性に疑問のある農畜産物が氾濫する悪循環の道筋」を模式化し、「消費者だけではなく、農業、食品加工業、流通業、外食産業、小売業、農林水産行政、試験・研究などに

かかわる人びとすべてが悪循環の形成に関与している」(三七ページ)と書いた。農薬・化学肥料の多投入(あるいは食品添加物・動物用医薬品の多用)と同じく、家畜・家禽・養殖魚類への肉骨粉の給与もまた、この悪循環構造に組み込まれた「合目的的・合理的な飼養技術」だ。そして、その恩恵(安価な牛肉)をわれわれは等しく享受してきた。この《事実》を看過してはなるまい。

『BSE問題報告』は「一九九六年四月にWHOから肉骨粉禁止勧告を受けながら課長通知による行政指導で済ませた」ことを「重大な失政」と断じた。筆者も「行政の不作為」と書いた。しかし、「重大な失政」あるいは「行政の不作為」という指摘は、農水省が汚染肉骨粉の流入に対する有効な防止策および使用禁止策を怠ったこと、すなわち「適切な危機管理対策」を怠ったことに対するものだ。そのことと肉骨粉の利・活用そのものに対する評価とは、次項で述べるように、明確に区別しなければならない。

四　牛への肉骨粉給与の合理性

誤解を恐れずに言うが、加熱処理しても死滅させることができない「プリオン」(タンパク質性感染粒子)と命名された、細菌でもウイルスでもない病原物質が発見されるまで、肉骨粉は家畜栄養学や未利用飼料資源の開発・利用などの観点からみて、きわめて有用な資材であった。「飼料は外国で作り、糞尿は日本の土地に捨てるという『輸入飼料依存型・穀物多給型畜産』を、日本の資源を活用した家畜の飼い方に変える」ことを研究している増田泰久・九州大学教授は、肉骨粉が飼料として牛に給与される理由について、批判をこめて次のように解説している(http://www.agr.kyushu-u.ac.jp/asweb/shiryo/)。

「反芻家畜には、魚粉、魚粕、肉骨粉、油脂、脱脂粉乳、乾燥ホエー、骨粉、血粉など多くの種類の動物質飼料が利用されている。……肉骨粉が飼料として利用される理由として、次の三点が考えられる。①タンパク質、リン、カルシウムなどのミネラルを豊富に含む(給与試験で乳量、乳タンパク量の増加が報告されている)。②魚粕より安価。大豆粕などより価格変動が少ない(コスト削減が安定的に図れる)。③畜産廃棄物の有効利用(未利用資源の飼料化は時代の流れであった)」(筆者、要約)。

つまり、肉骨粉は「穀類からは得難いたんぱく質とミネラルを豊富に、しかも安価に提供する貴重な資源であり、同時に食肉産業から生まれる廃棄物を処理するもっとも効果的な方法」(NHK「狂牛病」取材班『「狂牛病」どう立ち向かうか』NHK出版、二〇〇二年)とみなされてきたのだ。ちなみに、「肉骨粉の価格は魚粉の半分以下。一九九九年の輸入実績では、魚粉が一トンあたり一〇万円したのに、肉骨粉は約四万円。しかも、イワシなどの魚粉原料は豊漁・不漁による流通量の変動が大きい」(『日本農業新聞』〇一年九月一七日)。

周知のように、日本の畜産はもともと、稲作や畑作と結びついた有畜農業として展開されてきた。有畜農業では、「飼料作物や草を主体とした自給粗飼料を給与する飼養方式が主流」だった。しかし、「一九五四年に輸入穀物を加工する飼料生産の産業化を支える保税工場制度(外国産の原材料を関税未納のまま加工・製造して輸出できる制度）が復活して流通飼料の大量生産基盤が確立。六一年には農業基本法が成立して、畜産が選択的拡大部門の一つに位置づけられ、専業化・大規模化が急速に進展」していく。だが、粗飼料の生産基盤を整えないままに進展した急速な規模拡大は「購入飼料依存型の飼養方式」を必然化させた。

さらに、九一年の牛肉の自由化、九五年のWTO（世界貿易機関）設立などグローバル化の流れによって市場競争を激化させ、生産コストの低減を図るためのさらなる規模拡大と牛の「産乳・産肉能力の向上、生産効率の向上」を加速させた。換言すれば、このような生産性至上主義あるいは唯効率主義とでも呼ぶべき《単線的な合理性の追求》が、「植物質飼料（粗飼料）では対応できないレベルの生産効率を求め、栄養濃度の高い飼料（穀物を主とする濃厚飼料）の大量使用」を必然化し、「牛の摂食能力の限界による摂食エネルギー不足を、高エネルギー飼料」によって解決するための肉骨粉、油脂、魚粉などの動物質飼料の利用を不可避にしたのである（以上、増田教授のホームページより要約）。

しかし、それは、ご馳走であった牛肉を日常的に食べたいという、消費者ニーズに対する生産者サイドの合理的な対応であった。言い換えれば、消費者ニーズの変化に起因する「フードシステムの構造変化に適応した」対応（高橋正郎編著『わが国のフードシステムと農業』農林統計協会、一九九四年）であり、「消費者に軸足を移した」（武部・農水大臣）優等生的な対応でもある。このことを看過してはなるまい。

ＢＳＥ問題が顕在化して以来、草食動物への肉骨粉の給与を「草食動物の肉食動物化」、牛由来の肉骨粉の牛への給与を「共食い(人間に見立ててカニバリズム(人肉嗜食)」とする批判が巷間を賑わせるようになった。だが、それなら、魚粉、魚粕、濃厚飼料の給与はどうか。前者は自然状態では牛が口にすることのない動物質飼料であり、後者にはトウモロコシ、コウリャン(マイロ、ソルガム)、大麦など、人間の食糧として利用可能な穀物が大量に含まれている。

草食動物の肉食動物化を問題にするのであれば、魚粉や魚粕についても同じ視点からその是非を考察しなければならない。また、近年、減少傾向にあるとはいえ、現在もなお世界全体で約八億人もの人びと(うち五歳未満の児童は約二億人)が慢性的な栄養不足に陥り、毎日約四万人(年間約一五〇〇万人、うち児童は四分の三)が栄養失調症や飢餓で死んでいる現状を前にして、牛・豚・鶏に人間の食糧となり得る穀物を与えることの是非を考察しなければなるまい。FAO(国連食糧農業機関)は二〇〇二年六月、イタリアで開催された「世界食料サミット五年後会合」のために準備した『技術レポート』(FAO, "THE WORLD FOOD SUMMIT-five years later: Mobilizing the political will and resources to banish world hunger". Technical background documents. http://www.fao.org/DOCREP/004/Y1780e/Y1780e00.HTM)において、「十分な食糧を得られない八億人以上の人びとが途上国に存在する一方で、先進国には病的な肥満(obesity)に悩む三億人もの人びとが存在する」ことを指摘した。

表1に示したように、われわれは二〇〇〇年に輸入したトウモロコシ約一六〇〇万トンのうち約一二〇〇万トン、コウリャン約二〇〇万トンはほぼ全量、大麦約二四〇万トンのうち約一四〇万トン、小麦約五七〇万トンのうち約四五万トンを飼料として家畜に与えている。そして、それと引替えに年

表1　家畜が食べる輸入穀物と年間1人あたり畜産物供給量

家畜が食べる輸入穀物(単位：1,000トン)

	2000年		1980年		1960年	
	輸入	飼料仕向	輸入	飼料仕向	輸入	飼料仕向
小麦	5,688	446	5,564	647	2,660	468
大麦	2,438	1,373	2,087	1,518	＊ 30	＊ 540
トウモロコシ	15,986	11,662	13,331	10,615	1,514	1,503
コウリャン	2,101	2,051	3,742	3,742	57	47
大豆	4,829	100	4,401	55	1,081	0

年間1人あたり供給量(単位：kg, ℓ)

	2000年	1980年	1960年
牛肉	7.6	3.5	1.1
豚肉	10.6	9.6	1.1
鶏肉	10.2	7.7	0.8
鶏卵	17.0	14.3	6.3
牛乳	39.0	33.9	10.7

(資料)農水省「食糧需給表」。
(注)＊大麦は1960年に230万トンの国内生産があった。

間一人あたり七・六kgの牛肉(うち国産の占める割合は三三%)、一〇・六kgの豚肉(同五七%)、一〇・二kgの鶏肉(同六四%)、一七kgの鶏卵(同九五%)、および三九ℓの牛乳(同一〇〇%)を手に入れた。農水省が畜産を選択的拡大部門の一つに位置づける以前(一九六〇年)と比較すると、牛肉の年間一人あたり供給量は約七倍、豚肉は約一〇倍、鶏肉は約一三倍と、驚異的な増加を記録している。

また、「大卒公務員の初任給に対する国産牛肉一〇〇gあたりの価格」の比率を求めると、一九六〇年は〇・六%、八〇年〇・三%、二〇〇〇年〇・二%となり、傾向的に低下していることがわかる(六〇年は精肉の「中」の価格、その他は肩ロースの価格。輸入牛肉の価格でみれば、もっと顕著な低下傾向が観察されるはずだが、資料が得られなかった)。いうまでもなく、輸入畜産物もまた家畜・家禽の体を利用して飼料を肉・卵・乳に変換したものだから、日本の畜産物自給率を考慮すれば、表1に示された数量もしくはそれ以上の穀物を飼料として海外で消費していることになる。

要するに、われわれは「牛肉を日常的に食べたい」と望み、買い物という投票行為を通じて「安価を選択」し、草食動物に魚粉・魚粕、濃厚飼料、肉骨粉を給与する近代畜産の発展を支えてきたのだ。

一九九七年にノーベル生理学・医学賞を受賞した、S・プルシナー・カリフォルニア大学教授が八二年に「プリオン仮説」を提唱するまで、加熱処理した肉骨粉は《安全》かつ《有用》な飼料原料とみなされ、《誰一人》として、その安全性に疑問をもつ者はなかった。それどころか「核酸(DNAやRNA)をもたないタンパク質に増殖性・伝達性があるはずがない」、プリオン仮説は「科学のパラダイムを否定する非常識」だと当時の学会・研究者はこぞって嘲笑し続けたと、プルシナー教授は語っている(http://www.nobel.se/medicine/laureates/1997/prusiner-autobio.html 参照)。

もし、プリオン仮説が提唱されなかったら、そして、肉骨粉の給与によってBSEが発生しなかったら、おそらく、否、間違いなく、肉骨粉は今日もなお有用な飼料原料として重宝され続けていたにちがいない。なぜなら、それは魚粉・魚粕や濃厚飼料の延長線上に位置する合目的な飼料原料だからであり、それによってもたらされる牛肉の低価格、ご馳走の日常食化という恩恵に対して、われわれは一票を投じ続けたからである(なお、プリオン仮説は九〇年代初頭になってようやく学会にも受け入れられ、現在では異常型プリオンに汚染された肉骨粉によってBSEが伝達されるという「仮説」が大方の支持を得ているが、まだ「定説」にはなっていない)。

2　量産家畜は病んでいる

一　BSE事件と食品の安全性の視点

終息したBSE

日本では守られなかったが、一九九六年四月の「WHO勧告」を受けて、牛への肉骨粉の給与が世界的に禁止された。このため、世界のBSE発生頭数は表2に示されるように急速に減少し、二〇〇二年はピーク時(九二年)の二〇分の一以下になっている。もし、肉骨粉がBSEの唯一の感染源だとすれば、そう遠くない将来に終息するだろう。

また「最良の場合でも数百人、最悪の場合は数万人規模になる」(http://www-micro.msb.le.ac.uk/335/BSE/SH.html)と推定され、イギリス国民をパニックに陥れた新変異型ヤコブ病による死亡者数も表3に示されるように、二〇〇三年六月二日現在、累計で一三一人にとどまっている。感染から発症までのタイムラグを考慮すれば、これからも人災による犠牲者の出現は少なくとも十数年は続くだろうと予想されているが、牛への肉骨粉の給与禁止、特定危険部位(脳、脊髄、眼、回腸遠位部)の除去・焼却、屠畜場におけるBSE検査システムの整備などの安全対策が重層的に講じられるようになった

表2　世界のBSE発生頭数（検査陽性頭数を含む）

年／国	87年以前	88年	89年	90年	91年	92年	93年	94年	95年	96年	97年	98年	99年	00年	01年	02年	03年	合計
イギリス	446	2,514	7,228	14,407	25,359	37,280	35,090	24,438	14,562	8,149	4,393	3,235	2,301	1,443	1,202	1,144	…	183,191
アイルランド	…	…	15(5)	14(1)	17(2)	18(2)	16	19(1)	16(1)	73	80	83	91	149	246	333	68	1,238
フランス	…	…	0	0	5	0	1	4	3	12	6	18	31(1)	161	274	239	59	813
ポルトガル	…	…	0	1(1)	1(1)	1(1)	3(3)	12	15	31	30	127	159	149(1)	110	86	42	767
スイス	…	…	0	2	8	15	29	64	68	45	38	14	50	33	42	24	…	432
スペイン	…	…	0	0	0	0	0	0	0	0	0	0	0	2	82	127	76	287
ドイツ	…	…	0	0	0	1(1)	0	3(3)	0	0	2(2)	0	0	7	125	106	3	247
ベルギー	…	…	0	0	0	0	0	0	0	0	1	6	3	9	46	38	9	112
イタリア	…	…	0	0	0	0	0	2	0	0	0	0	0	0	48	38(2)	…	88
オランダ	…	…	0	0	0	0	0	0	0	0	2	2	2	2	20	24	7	59
デンマーク	…	…	0	0	0	1(1)	0	0	0	0	0	0	0	1	6	3	2	13
スロバキア	…	…	0	0	0	0	0	0	0	0	0	0	0	0	5	6	1	12
日本	…	…	0	0	0	0	0	0	0	0	0	0	0	0	3	2	2	7
チェコ	…	…	0	0	0	0	0	0	0	0	0	0	0	0	2	2	1	5
ポーランド	…	…	0	0	0	0	0	0	0	0	0	0	0	0	0	4	1	5
スロベニア	…	…	0	0	0	0	0	0	0	0	0	0	0	0	1	1	1	3
リヒテンシュタイン	…	…	0	0	0	0	0	0	0	0	0	2	…	…	…	…	…	2
ルクセンブルグ	…	…	0	0	0	0	0	0	0	0	1	0	0	0	0	1	0	2
カナダ	…	…	0	0	0	0	1(1)	0	0	0	0	0	0	0	0	0	1	2
オーストリア	…	…	0	0	0	0	0	0	0	0	0	0	0	0	1	0	…	1
フィンランド	…	…	0	0	0	0	0	0	0	0	0	0	0	0	1	0	…	1
ギリシャ	…	…	0	0	0	0	0	0	0	0	0	0	0	0	1	0	…	1
イスラエル	…	…	0	0	0	0	0	0	0	0	0	0	0	0	0	1	…	1
合計	446	2,514	7,243	14,424	25,390	37,316	35,140	24,542	14,664	8,310	4,553	3,487	2,637	1,956	2,215	2,179	273	187,289

（資料）OIE（国際獣疫事務局）*Number of reported cases of bovine spongiform encephalopathy*（*BSE*）*world wide*, http://www.oie.int/eng/info/en_esbmonde.htm　2003年6月13日現在。

（注）（　）内の数字は「輸入した牛」に発生したBSE頭数、…はデータなしまたは未発表を意味する。

表3　イギリスにおけるヤコブ病(CJD)死亡者の動向

	孤発性	医原性	家族性	GSS	新変異型	死亡者合計
1990年	28	5	0	0	…	33
1991年	32	1	3	0	…	36
1992年	45	2	5	1	…	53
1993年	37	4	3	2	…	46
1994年	53	1	4	3	…	61
1995年	35	4	2	3	3	47
1996年	40	4	2	4	10	60
1997年	60	6	4	1	10	81
1998年	63	3	4	1	18	89
1999年	62	6	2	0	15	85
2000年	49	1	2	1	28	81
2001年	56	3	2	2	20	83
2002年	71	0	4	1	17	93
2003年	17	1	1	0	10	29
死亡者合計	648	41	38	19	131	877

(資料)*Monthly Creutzfeldt-Jakob Desease Statistics*, http://www.doh.gov.uk/cjd/
(注1)CJDの「可能性が高い者」を含む。2003年は6月2日現在の死亡者数。
(注2)孤発性、家族性、GSS(ゲルストマン・ストロイスラー・シャインカー症候群)は古典的なヤコブ病で、世界に広く分布し、有病率は100万人に1人である。
(注3)医原性は「薬害ヤコブ病」を指す。

ため、今後、新たな感染は生じにくいだろう。否、そう願いたい。

加担者となった似非《えせ》ジャーナリズム

ところで、日本でBSE第一号が確認されたとき、例外はあったがマスメディアの大半は読者・視聴者におもねる側に回り、センセーショナルな見出しを掲げて不安感を煽った。一九九六年の腸管出血性大腸菌O―157騒動、九九年の所沢産野菜ダイオキシン汚染騒動のときと同様である。なかでも、週刊誌やテレビのワイドショー番組はひどかった。BSE感染牛発見当初の不適切な対応によって行政不信を招き、風評被害を拡大させた農水省の責任は厳しく追及しなければならない。だが、そのことと、不安や恐怖感を煽るだけで適切な情報やコメントを読者・視聴者に提供しなかった《似非ジャーナリズム》に対する批判とは、峻別する必要がある。

科学は日進月歩であり、今日の定説が明日も定説たり得る保証はない。だが、それを考慮したとしても、日本人が牛肉や牛乳の飲食(通常の食事)を通じて新変異型ヤコブ病に罹《かか》ることなど、以下に述べる理由により《あり得ない》からだ。門外漢の筆者が断定的な物言いをするのは《無知ゆえの傲慢》との誹《そし》りを免れない。しかし、事件・事故に便乗して読者・視聴者の不安感や恐怖心を煽るだけで、適切な情報提供を怠った似非ジャーナリズムの横行には憤りを禁じ得ない。

二〇〇一年末当時、イギリスでは延べ一〇四人が犠牲になっていた。それは事実だが、同時期のイギリスのBSE感染牛数は累計で約一八万二〇〇〇頭、日本の実に六万倍以上に達している。また、一九八九年一一月に特定危険部位の食用利用が禁止されるまで、イギリスでは「牛の脳をメインにした料理」が提供され、「脳がハンバーガーなど肉製品のつなぎ」として用いられていた。このような日本とは異なるイギリス型肉食文化の特質と、新変異型ヤコブ病との関連性は、無視できない(農水省『BSEと人にとってのリスクQ&A(案)』二〇〇〇年)。

通常の食事を通じて日本人が新変異型ヤコブ病に罹患する確率については、①近藤喜代太郎・放送大学教授はBSE感染牛が一頭確認された段階で一兆八〇〇〇億分の一と試算し(『フォト』時事画報社、二〇〇一年一二月一日号)、また②吉川泰弘・東京大学教授は「英国やEU高汚染国に一九八〇年以降に長期間滞在した人」を除く日本人の新変異型ヤコブ病患者数を〇・〇〇五〜〇・〇〇七人と推計している(全国畜産課長会議講演資料「日本のBSEを巡る問題——感染症論」二〇〇二年一月一五日)。

いずれもゼロではないが、限りなくゼロに近い。BSE患牛が七頭確認されている二〇〇三年六月末現在の日本人の新変異型ヤコブ病罹患確率は、近藤教授の推計方法に従えば約二六〇〇億分の一だ。

これに対して、以下の四つの確率をご覧いただきたい。
①日本国内で交通事故に遭遇して死亡する確率は、約一万四〇〇〇分の一(二〇〇〇年)。
②通り魔殺人事件の被害者になる確率は、約一九〇〇万分の一(一九九七年〜二〇〇一年平均)。
③毎年一〇万人以上と言われている喫煙を原因とする病死の確率は、約一二〇〇分の一。
④年末ジャンボ宝くじで三億円が当たる確率は、約五〇〇万分の一(二〇〇〇年、第一勧銀調べ)。
もし、報道の担い手たちがプロと呼ぶにふさわしいジャーナリストであったなら、右に述べたような、日英間の新変異型ヤコブ病罹患リスクの本質的な相違に気づいたはずだ。また、外出して交通事故や通り魔殺人事件に巻き込まれて死亡する確率や、年末ジャンボ宝くじを買って億万長者になれる確率のほうが、通常の食事を通じて新変異型ヤコブ病に罹患する確率より桁違いに大きいことも、了解できたはずだ。そして、そのような知見と沈着な判断に基づいて、BSE事件を正確に報道できたはずだった。

だが、現実は、そうではなかった。したがって、筆者は、金太郎飴的な興味本位の情報をたれ流して読者・視聴者の不安感を煽り続けた似非ジャーナリズムもまた、風評被害拡大の加担者であったと考えている。

ＢＳＥ事件では、発生からわずか七カ月間で「農家や牛肉関連業界に四四〇〇億円を超す被害」（『日本農業新聞』二〇〇二年五月二三日）を与え、肉牛農家の男性（五二歳）、加工食品会社の社長（五六歳）、ＢＳＥ検査担当の女性獣医師（二九歳）の三名を自殺に追い込んだ。彼らは風評の犠牲者だが、三名の死は通り一遍の小さな記事として扱われた。彼らがもし新変異型ヤコブ病患者であったら、マスメディアはどんなセンセーショナルな見出しを付けて報道しただろうか。

食品の安全性を確保するシステムに欠落しているもの

諺に「咽元過ぎれば熱さを忘れる」「人の噂も七五日」とあるように、またＯ―１５７騒動や野菜のダイオキシン汚染騒動がそうであったように、ＢＳＥ事件も、いまではほとんど世間の耳目をひかなくなった。二〇〇三年一月二三日に七頭目のＢＳＥ感染牛が確認されたが、新聞やテレビの扱いは予想どおり小さかった。その理由はいくつか考えられるが、遅きに失したとはいえ、農水省と厚生労働省がそれなりの対策を講じたことが、消費者の不安の軽減に寄与したといえよう。

Ｏ―１５７騒動の最中には菅直人・厚生大臣（当時）がカイワレ大根のサラダを、野菜のダイオキシン汚染騒動のときは故・小渕恵三首相と中川昭一・農水大臣（当時）が所沢産ホウレン草のおひたしをそれぞれ食してみせた。今回のＢＳＥ事件でもやはり、武部・農水大臣と坂口・厚生労働大臣が牛肉を頬張った。

洋の東西を問わず、政府・政治家、業界関係者の考えることは似るらしい。イギリスでも一九九〇年五月六日、Ｊ・ガマー農業大臣（当時）が牛肉の安全性をアピールするために、四歳の愛娘コーデリアと共にビーフバーガーを食べてみせた。イギリスのＢＢＣ放送はホームページ上で「Ｊ・ガマー＝牛肉喰い」と題した写真入りの記事と、「見よ、ガマーが娘にビーフバーガーを食べさせる」と題した三分間のニュース映像を公開している（http://news.bbc.co.uk/olmedia/365000/video/_369625_bse2a_movie_vi.ram）。

繰り返される大臣たちのパフォーマンスを、マスメディアは「国民を愚弄する行為」だと報じた。「大臣のパフォーマンスに乗せられるほど国民は愚かではない」ともコメントした。確かに、大臣たちの下手な演技はいただけない。だが、そんなことは、誰よりも彼ら自身が承知している。彼らは馬鹿を承知で、馬鹿を演じているのだ。そんな彼らを馬鹿呼ばわりして、溜飲を下げても、何の解決にもならない。

ＢＳＥ事件への対策として、農水省、厚生労働省は①牛への肉骨粉の給与の全面禁止、②屠畜場（食肉処理場）での牛のＢＳＥ全頭検査、③陽性と確定診断された牛の焼却、④特定危険部位の焼却、⑤トレーサビリティー・システム（食肉の生い立ちを「農場から食卓まで」追跡・確認する仕組み）の試行など、食の安全性を確保するための体制整備に取り組んだ。そして、⑥二〇〇三年四月一日からは「牛海綿状脳症対策特別措置法」（〇二年七月四日施行）に基づき、農場で病気や事故で死亡した二歳以上の牛に対するＢＳＥ全頭検査が始まった（ただし、例外的に〇四年三月末までの猶予期間が設けられている。「農水省によると、検査に必要な施設が整わないなどの理由で一六道県が同日から実施できないという」

『共同通信』〇三年四月一日配信)。

また、政府は、二〇〇二年四月五日に設置した「食品安全行政に関する関係閣僚会議」において、「食品の安全性の確保に必要な新たな行政組織のあり方」を検討し、同年六月一一日に「食品安全委員会」を新設することと、〇三年の通常国会に「食品安全基本法」を提出することを決めた。そうした姿勢は、率直に評価すべきだろう。

それはそのとおりなのだが、問題は、いかにして、法や制度の実効性を担保するかである。そのためには、すでに多くの識者(宮本一子・日本消費生活アドバイザー・コンサルタント協会消費生活研究所長、川田悦子・衆議院議員)、団体(日本弁護士連合会、内部告発者(ホイッスル・ブロワー)保護制度の実現を進める市民ネットワーク)、政党(民主党、社民党)、内閣府(国民生活審議会消費者政策部会)などが指摘しているように、公益通報者(内部告発者)を法的に保護する制度を早急に確立し、《組織の忠犬(社畜・官畜)》に成り下がっていない反骨の人びとに内部監視してもらう必要がある。

BSE事件では、雪印食品(二〇〇二年一月)を皮切りに、スターゼン(業界第二位の食肉卸会社)、丸紅畜産、全農チキンフーズ(全国農業協同組合連合会の子会社で、食肉を加工販売)、日本食品、日本ハムなどによる食肉偽装表示事件、ユニバーサル・スタジオ・ジャパンによる品質保持期限表示の改竄《かいざん》事件などが次つぎと明るみに出された。自社利益の追求と自己栄達しか眼中にない《忠犬》たちの目に余る倫理観の欠如に、われわれは唖然とさせられたものだ。

雪印食品事件では、鈴木宗男・衆議院議員のいわゆる《ムネオ疑惑》の端緒が外務省職員の内部告発によって開かれたのと同じく、関連業者（西宮冷蔵、水谷洋一社長）の内部告発により端緒が開かれ、その後の偽装表示事件の告発や自己申告につながった。もし、先行の勇気ある内部告発がなければ、このような一連の社会悪が白日の下に晒《さら》されることはなかったにちがいない。

日本の社会では、「内部告発」は「密告」と混同されがちである。筆者自身、戦前・戦中期の特高（特別高等警察）や隣組（数戸一単位の地域組織）による「アカ狩り（思想弾圧）」に代表される陰鬱な密告社会の再来を願うものではない。しかし、勇気ある内部告発者の存在なくしては表面化しなかったであろう雪印食品事件やムネオ疑惑などが潜在する現実を知るとき、内部告発者を保護するための法制の整備は現代日本社会にとって不可欠の《危機管理装置》だと言わざるを得ない。ちなみに、アメリカでは一九八九年に「内部告発者保護法」（同年四月施行）、イギリスでは九八年に「公益開示法」（翌年七月施行）、韓国では二〇〇一年に「腐敗防止法」（翌年一月施行）をそれぞれ制定し、公益に資する内部告発者の利益を厚く保護している。

各種のアンケート調査によれば、行政に対する消費者の不信感は、まだ十分には払拭されていないようである。にもかかわらず、数字に表れた牛肉消費（とくに焼肉店の売上げ）はＢＳＥ事件発生以前の水準に回復している。「ＢＳＥが問題になっているのに不見識」といった、視聴者からのクレームを恐れて自主規制していたわけではないだろうが、二〇〇二年夏以降、「美味くて安い」焼肉店などを紹介するテレビのグルメ番組も復活した。熱さは咽元を過ぎたようだ。

だが、問題はこれですべて解決したのだろうか。

先述したように、農水省は概ね次のように説明し、牛肉などの安全性の確保に自信をみせている。「牛への肉骨粉の給与禁止が徹底された。食肉に供される牛は二〇〇一年一〇月一八日から全頭検査され、特定危険部位は全部焼却される。トレーサビリティー・システムも導入され、農水省関連機関に設置された『食品表示一一〇番』も〇二年二月一五日から稼働した。同年七月四日には『牛海綿状脳症対策特別措置法』が施行され、安全性確保上のこれまでの制度的な不備が是正されることになった。特定危険部位以外は本当に安全なのかと不安を訴える声もあるが、一五七カ国が加盟するOIE（国際獣疫事務局）が作成した国際基準では、牛肉や牛乳・乳製品は『除去すべき部位』『流通を禁止すべき部位』に含まれていない」

確かに、食品の安全性を確保するためのシステムづくりは着実に進んでいる。二〇〇三年五月二三日には「食品安全基本法」も公布された。それは事実である。しかしながら、こうした一連の食品安全行政組織づくりには、食品を供給してくれる牛・豚・鶏たちを《いきもの》として捉える視点、《いのち》ある存在として捉える視点が欠落している。否、行政のみならず、過半の学識経験者、マスメディア、消費者も「食品」というモノの安全性のみに目を奪われ、家畜や家禽を《隣人》と見る視点が等しく欠落しているように筆者には思える。

二　院内感染原因菌ＶＲＥ（バンコマイシン耐性腸球菌）の出現と飼料添加物

食肉から残留基準値を超える抗菌性物質を検出

東京都庁内の都民情報ルーム、保健所、消費者センターでは、『くらしの衛生』という小冊子が都民に配布されている。同誌第二二号には、東京都が一九九四年に実施した「畜水産食品の抗菌性物質に関する調査結果」の概要が紹介されている。

抗菌性物質とは「微生物の発育を阻止する物質」の総称で、具体的には各種の抗生物質や合成抗菌剤を指す。食品衛生法第七条を根拠規定にして告示された「食品、添加物等の規格基準」の規定では、「食品は、抗生物質を含有してはならない」「食肉、食鳥卵及び魚介類は、化学的合成品たる抗菌性物質を含有してはならない」となっている。

つまり、抗菌性物質の食肉など食品への残留は、それを食べた人の「腸内細菌叢《そう》の変化、アレルギーや抗生物質が効かない耐性菌の出現などの問題」があって好ましくないので、①疾病の予防や治療に使用される抗菌性物質については「動物用医薬品の使用の規制に関する省令」（一九八〇年公布）により、適用対象動物、用法・用量、使用禁止期間（休薬期間）などの使用基準が、また②飼料添加物として使用される抗菌性物質については「飼料及び飼料添加物の成分規格等に関する省令」（七六年公布）により給与対象動物が、厳密に定められている。したがって、「こうした規制が遵守されているかぎり、抗菌性物質が食肉に残留する心配はない」はずである。

ところが、『調査結果』の概要によれば、牛正肉二四検体中一検体、豚正肉三八検体中一検体、豚肝臓一三検体中五検体、鶏正肉七一検体中五検体、鶏肝臓一一検体中八検体から、それぞれ抗生物質（テトラサイクリン系四検体、アミノグリコシド系一六検体）が検出されたという。いずれも国産の食肉であった。本来、食品は抗菌性物質を含有してはならないにもかかわらず、旧・厚生省は一九九五年一二月二六日に「食肉、添加物等の規格基準」を一部改正して「動物用医薬品の残留基準値」を設定し、抗菌性物質が残留していても基準値以下のものは販売を規制しないことにした（二〇〇三年三月現在、抗菌性物質一三品目、内寄生虫駆除剤一一品目、ホルモン剤二品目の残留基準値が設定されている）。

最近の検出状況が知りたくて、『食品衛生データブック』各年度版（東京都食品環境指導センター発行）で調べたところ、二〇〇〇年度に抗菌性物質が検出された食肉（一六三検体）はゼロだった。また、〇一年度も食肉（二三四検体）からは抗菌性物質は検出されていない。養殖魚類からは相変わらず検出されているが、少なくとも食肉に関するかぎり、抗菌性物質の使用状況は改善されているように見える。ちなみに、養殖魚類からの検出は一九九四年度の一六八検体中九検体に対して、〇一年度は一四〇検体中二検体だった。当然ながら、それらは食品衛生法第七条違反によって、販売禁止になっている。

しかし、検査人員と時間的な制約の下で実施される「試買（サンプル）調査」には限界がある。検出・不検出は試買した食肉に関する結果であり、他店・他産地の食肉では検査結果が異なるかもしれないという疑問がついて回る。

事実、旧・厚生省の指示により「都道府県、政令市及び特別区の食肉、養殖魚介類等の流通拠点を管轄する食肉衛生検査所、市場食品衛生検査所等」において一九九〇年以降、毎年実施している「畜水産食品の残留物質モニタリング検査結果（国産）」では、九九年度は豚肉四五八六検体中三検体、鶏肉一七八三検体中一検体から、また二〇〇〇年度においても豚肉四〇四三検体中二検体、鶏肉一六五五検体中二検体から、それぞれ残留基準値を超える抗菌性物質が検出されている。「各自治体において、農政部局、家畜保健衛生所等を通じて、生産者の指導が実施」されたが、全国で毎年度この程度の数量の食肉しか試買調査できていないことを承知しておく必要がある。

抗生物質の安易な使用が生んだ耐性菌

ところで、「製造販売された抗菌性物質（六〇〇〇億円、一九九九年）の約半分が動物用医薬品として使用されている」（東京都生活文化局『くらしの安全情報』第三八号、二〇〇一年三月）と言われている。「飼料の安全性の確保及び品質の改善に関する法律」（一九五三年公布）第二条第三項の規定に基づいて農林水産大臣が指定した飼料添加物は二〇〇三年五月現在一五七種類。その用途および種類は、次のとおりだ。

① 「飼料の品質の低下の防止」のための抗酸化剤（三）・防かび剤（三）など一七種類。

② 「飼料の栄養成分その他の有効成分の補給」のためのアミノ酸（一二）・ビタミン（三二）・ミネラル（三七）など八四種類。

③　「飼料が含有している栄養成分の有効な利用の促進」のための抗生物質（一二三）・合成抗菌剤（六）・酵素（一二）など五六種類。

配合飼料メーカーは牛用（哺乳・幼齢・肥育期）、豚用（哺乳・子豚期）、鶏用（採卵・ブロイラー）など給与対象別に定められた使用基準に基づき、適宜これらの飼料添加物を組み合わせて混合（プレミックス）した飼料を販売している。

抗生物質の安易な使用は耐性菌の発生を助長し、いざというときに抗生物質が効かなくなる危険性がある。したがって、人間の場合は医師の処方箋がないと購入できないし、医師もまた旧時のような安易な処方を控えている。ところが、飼料に関しては、「飼料が含有している栄養成分の有効な利用の促進」などという《奇妙な理由》により、ビタミンやミネラルのように抗生物質を飼料にプレミックスして販売することが認められているのである。

「一九五〇年にアメリカで、抗生物質に成長促進効果があることが発見され、その数年後から子豚やヒナの餌に抗生物質が盛んに添加されるようになった」（http://www.micnet.ne.jp/yanagita/bumb2.html）のだが、大いに問題ありというべきであろう。なぜなら、「ＶＲＥ（バンコマイシン耐性腸球菌）」の出現と飼料に添加された抗生物質との間には、いまや医学分野で定説になりつつある《かぎりなく黒に近い相関》があるからだ。

筆者の専門領域は農業経済学であり、医学については門外漢である。しかし、重要な事柄なので、医学の専門家などによる解説を紹介しておく。

一九二八年にイギリスの細菌学者A・フレミングが発見したペニシリンが、四一年に「奇跡の薬」として医薬業界に登場し、多くの人命を救った。しかし、数年後には早くも耐性菌が出現。その後、ストレプトマイシン、クロラムフェニコール、オキシテトラサイクリン、エリスロマイシンといった抗生物質が五〇年代に開発された。だが、いずれも耐性菌の出現によって数年後には効かなくなってしまう。こういう事態を指して「抗生物質の開発と耐性菌出現のイタチごっこ」と揶揄《やゆ》された。

この悪循環を断ち切ることを企図して、ペニシリンをベースにしたメチシリンが一九六〇年に化学合成された。世界の医学界はこれに期待したが、臨床現場への導入後わずか一年で「MRSA（メチシリン耐性黄色ブドウ球菌）」がイギリスに出現。八〇年代に病院などでの集団感染（院内感染）の原因菌として世界中に広がり、深刻な被害をもたらしている。黄色ブドウ球菌は人の皮膚や鼻腔、咽喉頭などに常在しており、MRSA自体も若い抵抗力のある人にはほとんど害はない。だが、手術後患者、免疫不全患者、高齢者や幼児など抵抗力の弱った人（易感染性宿主）が感染すると、体内で異常繁殖して重い感染症を引き起こす（以上、『読売新聞』（大阪版）http://osaka.yomiuri.co.jp/oldtopics/monosiri/ms1001.htm および http://www.bi.a.u-tokyo.ac.jp/~jun/RESEARCH/mdrf.html に掲載されている資料より要約して引用）。

このMRSAを確実に抑制できる唯一の抗生物質は、バンコマイシンであった。一九五六年に開発されて以来、三〇年近く耐性菌が出現せず、《最後の切り札》として世界中の医師から「安心して使える抗生物質」との高い評価を受け続けてきた。

バンコマイシンが効かない菌の出現

だが、この切り札にもついに終焉のときが訪れる。一九八六年、フランスとイギリスに「VRE(バンコマイシン耐性腸球菌)」が出現。またたく間にヨーロッパ全域やアメリカに「重症院内感染原因菌」として広がったのである。日本では九六年四月、京都府立医科大学病院で最初のVRE感染者が確認された(旧・厚生省は九一年にバンコマイシンの輸入を承認している)。

腸球菌自体は人や動物の腸管内に棲み着いている「ありふれた細菌(常在菌)」であり、また、VRE自体もバンコマイシンに耐性をもつ以外は通常の腸球菌と変わらず、健康な人には無害。適切な加熱(七〇度、一分以上)により死滅する。しかし、MRSAと同様、手術後患者や免疫不全患者など抵抗力の低下した人が感染すると敗血症や心内膜炎(心臓の内面をおおう膜の炎症)などの重い感染症を引き起こす危険性がある(以上、前掲の『読売新聞』(大阪版)および狩山玲子「VRE=細菌学および疫学的見地から」(第四九回日本臨床衛生検査学会セミナー報告要旨、二〇〇〇年四月)より要約して引用)。

VREが出現した原因については、①欧米で腸球菌を含むグラム陽性菌感染症の治療に、バンコマイシンが第一選択剤として長期間繁用されてきたこと、②ヨーロッパで一九七四年から、バンコマイシンに化学構造が類似した「アボパルシン」という抗生物質が豚および鶏用の飼料添加物として長期間大量投与されてきたこと、などが指摘されていた。その後のDNA解析技術の著しい進歩によって菌株の分類・同定が正確に行えるようになり、近年では「家畜・家禽腸管糞便中のVREが選択的に増殖し、食肉等を通じて人の環境に入ってきたと考えられている」（前掲、狩山論文）という。

この問題については、細菌学の権威である吉川昌之介・東京大学名誉教授も次のように指摘している（吉川昌之介『ヒトは細菌に勝てるのか』丸善ライブラリー、二〇〇一年、参照）。

「VREが病院外で最初に分離されたのは、九四年に英国で豚から、ついでドイツで豚と鶏からであった。バンコマイシンA（VanA）型耐性菌は発育促進剤として家畜の飼料に混入していたグリコペプチド系薬（Glp）の一種、アボパルシンによって選択されたらしい」

「農場で食用動物にアボパルシンを使用したことと動物糞便中にVREがいることとの間に疫学的に有意の関連性が示されている。VREは病院で出現して、一般社会に拡散したとされているが、この逆もあり得るという研究者も多い。今では牧場の家畜、食用鶏や、下水道など広く環境からも分離される。最近入院した経歴もなく、抗菌薬の投与を受けたわけでもないのに、無症状の一般人の糞便からVREが検出されることがある。これは、VREが特殊病室にいる易感染性宿主にのみ起こる厳密な意味での院内感染菌であるという現存の概念に著しく反する知見である」

日本では一九八五年一〇月にアボパルシンが鶏用の飼料添加物に指定され、養鶏場で八九年から九六年まで約七年間使用されたが、それにもかかわらず、日本は長らく「VRE清浄国」だと考えられてきた（http://idsc.nih.go.jp/ddrug/bdd201/dd2281.html）。しかし、先述のように九六年四月に京都府立医大病院で感染者が確認されたことから、農水省は同年一二月、アボパルシンを使用した一〇一農場の鶏糞中の細菌検査を実施。その結果、「三農場の七検体がアボパルシン、オリエンチシン、バンコマイシンへの耐性を示すことが確認された」ため、九七年三月に農水省はアボパルシンの飼料添加物指定を取り消した（詳しくは、二六四・二六五ページの【参考資料②】（農水省通達「飼料添加物の指定の取消しについて」）を参照）。

これらは鶏糞からの検出である。加えて、市販前の「鶏肉」については、「一九九七年三月から五月までに処理された国産食用鶏」から国内で初めてＶＲＥが検出されたことを、奈良県食品衛生検査所が獣医公衆衛生学会（九八年二月開催）で報告している（『朝日新聞』（大阪版）九八年二月七日）。なお、アボパルシンの飼料添加物指定の取消しは九七年三月だが、農水省通達によれば、業者は九六年一一月から販売を自粛し、同月末には既出荷分を全量回収したという。

他方、旧・厚生省も、薬剤耐性菌対策の一環として、九六年度から「食肉中の腸球菌のバンコマイシン耐性菌に関する調査研究」を実施。九七年度に「タイ産鶏肉（一四検体中三検体）及びフランス産鶏肉（六検体中三検体）」からＶＲＥを検出した。その後も検出は続き、九八年度は「タイ産鶏肉（四三検体中九検体）、フランス産鶏肉（四検体中二検体）及びブラジル産鶏肉（二二検体中二検体）」、九九年度は「タイ産鶏肉（四九検体中六検体）」、そして二〇〇〇年度は「タイ産鶏肉（六五検体中二検体）」から、それぞれ検出されている。

「鶏肉からＶＲＥが検出された国に対しては、アボパルシンの使用禁止やＶＲＥの実態調査を要請し、……タイ及びブラジルでは、それぞれ、平成一〇年七月、一〇月にアボパルシンが禁止」された。しかし、それにもかかわらず、タイ産鶏肉からのＶＲＥ検出が続いているため、厚生労働省は「二〇〇一年八月にタイ政府に対し、ＶＲＥが検出された鶏肉を処理した加工場に鶏を供給している養鶏場の調査及びアボパルシンの使用禁止の徹底等のＶＲＥ対策」を強く要請した（厚生労働省「食の安全推進アクションプラン」二〇〇二年二月改訂版）。

以上の知見はすべて鶏からの検出であるが、これら《鶏型》ＶＲＥとは明らかに異なる《豚型》ＶＲＥの存在も、二〇〇〇年四月までに岡山大学医学部付属病院で確認された。国内では初めての検出である。分析を担当した同病院の狩山玲子助手・研究グループによれば、「一九九八年五月から七月にかけて入院していた男児の便や尿から検出したＶＲＥ遺伝子を解析した結果、ヨーロッパの豚から検出されたＶＲＥ遺伝子配列と一致した」という。幸いにも、この男児は「ＶＲＥによる感染症を発症することなく退院し、また、院内感染も起こっていない」（『山陽新聞』二〇〇〇年六月一日および前掲、狩山論文）。感染経路は解明できなかったが、このケースは、豚肉などを介して知らない間にわれわれがＶＲＥの保菌者（キャリアー）になっている可能性を示唆している。

飼料添加物リストから抗菌性物質の削除を

二〇〇二年以降、旧ミドリ十字（現・三菱ウェルファーマ）が製造・販売した非加熱血液凝固因子製剤「フィブリノゲン」によって一万人以上の感染者を出したとされる《薬害Ｃ型肝炎問題》が、深刻な社会問題になっている。また、「一九七三年に当時の厚生省が同製剤からの肝炎感染の危険性を認識し、代替治療法までわかっていながら、販売を中止させず、被害を拡大」(『しんぶん赤旗』二〇〇二年五月三一日)したとして、厚生労働省の《不作為体質》が再び批判の的になっている。事の真相はいずれ裁判などによって明らかにされるだろうが、前述の《アボパルシン⇩VRE出現》問題もこれと同じ範疇に属する問題だと筆者は考える。

農水省は、抗菌性物質を成長促進剤として、飼料にプレミックスすることの是非を早急に再検討すべきである。それこそが、二〇〇二年四月に発表した「『食』と『農』の再生プラン」において、農水省自らが明記した「消費者に軸足を移した農林水産行政」に相応しい姿であろう。否、先に「重大な失政」と批判されたBSE事件の顚末を真摯に反省した、というのであれば、農水省は一日も早く抗菌性物質を飼料添加物リストから削除すべきだと筆者は考える。改めていうまでもなく、養鶏場や養豚場、牧場を薬剤耐性菌の温床にしてはならないからだ。

参考までに紹介すれば、EU(欧州連合)は一九九八年に四つの抗生物質(亜鉛バシトラシン、スピラマイシン、バージニアマイシン、リン酸チロシン)を成長促進剤として飼料に添加することを禁止した(前掲『くらしの安全情報』第三八号)。また、二〇〇二年三月に開催されたEU委員会において、「現在、成長促進用飼料添加物として認められている四種類の抗生物質(フラボフォスフォリポール、モネンシンナトリウム、サリノマイシンナトリウム、アビラマイシン)の使用を二〇〇六年一月までに段階的に取りやめる」ことが提案され、上位機関の閣僚理事会および欧州議会において共同審議されることになった(http://www.lin.go.jp/掲載の「海外駐在員情報」二〇〇二年四月二日号、参照)。その結果、二〇一三年一月二〇日まで使用が認められるアビラマイシン(七面鳥に限定)以外は、提案どおり〇六年一月一日から全面的に使用が禁止されることになった(Council Regulation(EC)No.355/2003, *Official Journal of the European Union*, L53, 28, Feb., 2003)。

これに対して、日本では、ＥＵが九八年に禁止した四つの抗生物質のうちスピラマイシン以外は、いまなお成長促進剤として飼料にプレミックスされ、量産家畜(牛・豚・鶏)たちに給餌されているのである。

三　量産家畜の悲鳴が聞こえるか？

前述のように、政府は通常国会に「食品安全基本法」を提出することを決めた(九〇ページ)。そして、二〇〇三年二月七日に上程された同法案は五月一六日に成立し、「内閣府に食品安全委員会を置く」ことや「所掌事務」など関連規定が成文化された(同法第三章(第二二条〜三八条)。法律の公布は五月二三日、食品安全委員会の設立は同年七月一日)。

食品安全基本法は総じて「一歩前進」と捉えられているようだ。しかし、この論調に対して、同法案審議の行方を監視してきた市民団体「食の安全と農薬問題連絡会」(日本有機農業研究会、全国産直産地リーダー協議会、反農薬東京グループなど約四〇団体)および「食の安全・監視市民委員会」(日本消費者連盟、遺伝子組み換え食品いらない！キャンペーンなど約五〇の団体・個人）は、同法の規定が食品の健康影響（リスク）評価に偏り、食品の安全性を総合的に確保するための基本法になり得ていないことを、次のように批判している。

「安全な食品は……農薬、化学肥料、飼料用添加物、動物用医薬品など食品の安全性に影響を及ぼすおそれのあるものを生産段階から避け、放射線照射、遺伝子組み換え技術を使わないで、自然環境と調和した農林水産業によってつくられる」べきだが、食品安全基本法にはこの基本的認識が欠落している（食の安全と農薬問題連絡会「『食品安全基本法案』の衆議院通過に関するコメント」二〇〇三年四月二二日）。

「食品安全基本法は、生産のあり方を変え、有機農業を発展させたり、農薬や食品添加物を全体として計画的に削減しようとする施策の推進には全く触れていない」。食品のリスク評価に矮小化された同法の「考え方に立つと、環境を破壊したり、自然の摂理に反する食品生産であっても、その食品が消費者の口に入る段階でのリスク評価によって安全上問題がないとの結果が出れば、それでよいということになる」（本城昇「食品安全基本法の問題点と有機農業」（協同組合経営研究所・研究月報『にじ』二〇〇三年六月号）。本城氏は埼玉大学教授で、食の安全と農薬問題連絡会の主導者）。

これらの主張に加えて、前述した内部告発者保護制度の新設など法律の実効性を担保するための工夫が必要だが、食品安全基本法に対する市民団体らの批判は核心を衝いていると言うべきだろう。

ところで、これら市民団体の構成員の多くが参加したと思われるが、一九九五年四月に「食品安全行政のあり方を考えるシンポジウム」(日本生活協同組合連合会主催)が東京で開催され、興味深い問題提起がなされていた。筆者はそれに注目したい。

当時、①食肉などから抗菌性物質が相次いで検出されたこと、②厚生省がそれまで畜水産物への残留が認められなかった抗菌性物質に残留基準値を新設し、基準値以下の残留の容認を食品衛生調査会に諮問したこと(一九九四年二月)、③食品衛生調査会がそれまでの「製造年月日表示」に替えて、消費期限や品質保持期限・賞味期限などの「期限表示」の導入を適当とする旨、厚生省に答申したこと(九四年九月)など、国際基準・規格との整合化(ハーモナイゼーション)と称してとられた国民の食の安全性にかかわる一連の規制緩和に対して、消費者団体は強い危機感をもっていた。「食品安全行政のあり方を考えるシンポジウム」は、このような状況を背景にして開催された。

歴史に「もし」は通用しないが、「もし」このシンポジウムを機に「食品安全行政のあり方」に関する真摯な論議が農水省はじめ関係業界で深められていたら、ＢＳＥの問題は「事故」にとどまり、「事件」になっていなかったのではないか、と思えてならない。筆者が勤務する研究所の人事異動に伴う高頻度の研究室の引越しにより、資料ファイルが行方不明になってしまったが、当時の新聞報道によれば、同シンポジウムのパネラーの一人、東京都立衛生研究所の神保勝彦氏は、食肉などから抗菌性物質の検出が相次ぐ原因を次のように指摘していた。

「(生産性の追求という企業論理に基づいて)大規模化、集団過密飼育の形態がとられることから、家畜はストレスが増加し、抵抗力がなくなり、病気になりやすくなる。一度病気になると、周りにも病気が蔓延する可能性が高く、蔓延した場合、経済的損失が大きい。そのため、抗菌性物質は病気の治療・予防、あるいは発育促進剤として常時使用されるのである」(『日本消費経済新聞』一九九五年四月二四日)

その他の要因として、化学物質の検出技術の進歩により超微量の残留量でも検出可能になったということもあるが、より根本的な要因は神保氏も指摘するように、大規模・集団過密飼育にあると見るべきだろう。この状況は、八年経った今日も変わっていない。

大規模・集団過密飼育に内在する問題点は、四〇年近く前から指摘されている。その端緒を開いたのは、R・ハリソン女史が一九六四年にイギリスで上梓した『アニマル・マシーン』だ(翻訳書は七九年に刊行、橋本明子ほか訳、講談社)。現在、EUでは家畜福祉(Farm Animal Welfare)に関する規則が整備され、家畜を《いきもの》すなわち「《いのち》ある存在」として捉える視点から飼育条件が細かく定められている。その契機になったのが、本書による告発である。他方、アメリカでは八〇年にJ・メイソン、P・シンガー両氏が『アニマル・ファクトリー――飼育工場の動物たちの今』(翻訳書は八二年に刊行、高松修訳、現代書館)を上梓した。

同じころ、日本でも両書が告発した量産家畜の悲劇への関心が高まっていく。高松修『石油タンパクに未来はあるか――食と土からの発想』『食べものの条件――ニワのトリとカゴのトリ』(一九八〇年、八一年、績文堂)、平沢正夫『家畜に何が起きているか』(平凡社、八〇年)、山田博士『暮しの赤信号・PART4――家畜たちの眼に光る涙を知っているか!?』(亜紀書房、八五年)などが相次いで上梓され、欧米に劣らず過酷な状況に置かれている日本の量産家畜の悲劇が告発された。このほか八〇年代は、ＮＨＫ取材班『日本の条件――食糧①②』（日本放送出版協会、八二年）、朝日新聞経済部『食糧――何が起きているか』（朝日新聞社、八三年）、ＮＮＮ特別取材班『日本の食糧が危ない』（エムジー出版、八四年）など、腐蝕する日本の食の現状を現地取材し、警鐘を打ち鳴らす質の高い啓発書の出版が相次ぐ。

しかし、こうした告発や啓発も、一般消費者の関心を長く引きとどめることはできなかった。新聞やテレビに取り上げられる回数の減少に正比例して、一般消費者の脳裏から淡雪のように消えていく。このことを指して《日本人は忘れっぽく、飽きっぽい国民、学習しない国民》だと言ったら、読者の顰《ひん》蹙《しゅく》を買うだろうか。

ともあれ「食品安全行政のあり方を考えるシンポジウム」の意義は、《無関心⇩事件⇩パニック⇩忘却⇩無関心》を繰り返す一般消費者の覚醒に淡い期待をかけると同時に、行政のあり方についての論議を深め、ＥＵに範を見る、成熟した食の安全性確保システムの構築を急ごうとしたところにある、と筆者には思われた。

ここで、神保氏の指摘（牛および豚の病み具合）を資料によって確認しておこう。

屠場に搬入された牛や豚は生体検査、解体前検査、解体時検査、解体後検査を受け、それぞれ「と畜場法施行規則」の定めるところにより、屠殺禁止、解体禁止、全部廃棄、一部廃棄（病変部分の廃棄）の措置が講じられる。**表4**に示したように、東京都を例にとれば二〇〇〇年度、食肉に適さないため

家畜（牛・豚）　　（単位：頭）

処分原因の内訳					備考
うち寄生虫病	炎症及び炎症産物による汚染 (%)		変性・萎縮 (%)		
7,159	31,552	(42.3)	1,428	(1.9)	東京都芝浦食肉衛生検査所扱い分
2,959	40,349	(51.3)	10,817	(13.7)	
1,154	48,522	(55.4)	13,302	(15.2)	
451	42,925	(49.6)	20,366	(23.5)	東京都全体（芝浦＋多摩）
175	3,439	(60.0)	2,239	(39.0)	宮城県仙北食肉衛生検査所

処分原因の内訳					備考
うち寄生虫病	炎症及び炎症産物による汚染 (%)		変性・萎縮 (%)		
61,250	218,306	(71.7)	4,419	(1.5)	東京都芝浦食肉衛生検査所扱い分
1,629	255,599	(75.6)	5,460	(1.6)	
47	202,468	(76.0)	3,915	(1.5)	
0	202,861	(68.8)	14,818	(5.0)	東京都全体（芝浦＋多摩）
31,410	117,447	(46.9)	7,560	(3.0)	宮城県仙北食肉衛生検査所

都衛生局「食品衛生関係事業報告」（2000年度）、宮城県仙北食肉衛生検査所ホーム

胃炎、腎炎などを、「変性・萎縮」とは、脂肪肝、肝硬変、腸管膜脂肪壊死、腎周

に処分（屠殺禁止＋全部廃棄＋一部廃棄）された割合は、牛は四九・七％、豚は六九・六％で、それぞれ過去の処分率より減少している。こうした処分率の低下は一見、量産家畜たちの飼育環境が改善された結果のように見える。

しかし、処分原因の内訳を見ると、①寄生虫病の激減、②炎症及び炎症産物による汚染の高止まり、③変性・萎縮の激増が観察される。寄生虫病が劇的に減少したのは、内寄生虫駆除剤のお陰であることは誰の目にも明らかだ。脂肪肝・肝硬変・腸管膜脂肪壊死などの変性・萎縮が一九七五年から二〇〇〇年までの二五年間に牛では一二倍強、豚で三倍強に増加したのは「『短期間に少しでも太らせて出荷する』と

表４　病める量産

a)牛(成牛)の屠畜検査結果

年度	検査頭数	処分頭数	処分率(%)	処分内訳		
				屠殺禁止	全部廃棄	一部廃棄
1975	74,517	39,555	53.1	1	11	39,543
1985	78,702	54,815	69.6	−	9	54,806
1995	87,597	58,755	67.1	−	42	58,713
2000	86,563	43,045	49.7	−	97	42,948
1999	5,735	4,720	82.3	4	292	4,424

b)豚の屠畜検査結果

年度	検査頭数	処分頭数	処分率(%)	処分内訳		
				屠殺禁止	全部廃棄	一部廃棄
1975	304,531	252,893	83.0	48	169	252,686
1985	338,026	256,300	75.8	16	264	256,020
1995	266,383	203,329	76.3	7	354	202,968
2000	294,756	205,121	69.6	3	207	204,911
1999	250,282	135,704	54.2	4	314	135,386

(資料)東京都芝浦食肉衛生検査所「食肉衛生検査業務概況」(1975〜95年度)、東京ページ「検査データ」(1999年度)。

(注１)処分率、処分原因の内訳(%)は、検査頭数に対する割合である。

(注２)「炎症及び炎症産物による汚染」とは、肺炎、心・肺膜炎、肝炎、胆管炎、辺脂肪壊死などを指す。

いう、経済性優先の『肥満児生産方式』」(『毎日新聞』(北海道版)八二年一〇月一日)に根本的な原因がある。また、肺炎・肝炎・胃炎などの「炎症及び炎症産物による汚染」が牛で五〇%前後、豚で七〇%前後に高止まっているのは、舎飼い・密飼いによる運動不足やストレスなど《いきもの》にとって不健全な環境で飼育されていることの証左といえよう。

いうまでもなく、量産家畜は経済動物であり、その寿命(人為的寿命、経済的寿命)は販売価格と生産コストによって決められる。換言すれば、彼らは販売利益が最大になる時期(飼料一単位あたりの産肉量や産乳量が頭打ちになる直前)に屠殺されて、食肉になる。

したがって、彼らは「生物的寿命」から見れば中・高校生程度(あるいはそれ以下)の若年齢で屠場に送られる。そんな「若者」にこれほどの病変が観察されるのは、異常と考えるべきである。

グルメを気取る人たちが珍味として称賛するフォアグラ(foie は「肝臓」、gras は「脂肪質の」「肥満した」の意味。脂肪を添加した蒸しトウモロコシを細いチューブでガチョウやカモの胃袋にむりやり流し込み、人為的に肝臓を脂肪で肥大させたもの)は、強制給餌である。そこまで暴力的ではないとしても、近代畜産業において、量産家畜たちはすべからく《飼料を牛乳や食肉に変換する機械＝アニマル・マシーン》として扱われている。

先に、「大卒公務員の初任給に対する国産牛肉一〇〇gあたりの価格」の比率を求め、それが傾向的に低下していることを確認した(八一ページ)。われわれがそうした価格便益を享受できる背景には、国内生産者の規模拡大・過密飼育によるコスト削減努力があったことを忘れてはならない。肉用牛では、全飼養頭数に占める「一〇〇頭以上規模で飼育された牛」の割合は、一九七六年の一二%に対して二〇〇二年は六〇・〇%(「二〇〇頭以上規模」では四六・七%)、肥育豚では「一〇〇〇頭以上規模で飼育された豚」の割合は、七六年の一二%に対し〇二年は六九・三%(「二〇〇〇頭以上規模」では四九・五%)と、大規模化が顕著に進んでいる(農水省統計情報部『畜産統計』各年度版)。それを支えたものは、極論すれば、先述したような問題山積の抗菌性物質であった。

米や野菜などの耕種農業において規模拡大・単作化・施設化と農薬・化学肥料の多投とが不可分の関係にあるのと同じく、近代畜産業においても大規模・過密飼育と抗菌性物質の多投とは不可分の関係にある。いまや、抗菌性物質は近代畜産業存立の必須アイテムになっていると理解すべきだろう。

四　共生の視座――人間的想像力の回復

すでに述べたように二〇〇〇年度、われわれは年間一人あたり七・六kgの牛肉、一〇・六kgの豚肉、一〇・二kgの鶏肉を消費した。農水省が旧農業基本法において畜産を選択的拡大部門の一つに位置づける以前(一九六〇年)と比較して、牛肉の年間一人あたり供給量は約七倍、豚肉は約一〇倍、鶏肉は約一三倍に増加している。その間に自給率は、牛肉が九六%から三三%、豚肉が九六%から五七%、鶏肉が一〇〇%から六四%に、それぞれ減少した。

この程度の数字は、農水省が発表する『食料需給表』を見ればすぐに拾い出せる。だが、牛や豚や鶏がどのような環境で飼育され、誰が、どのように屠殺・解体作業を担っているかについては、ほとんど何も知らされない。否、知ろうとさえしないのが《われわれ》ではないか。ここにいう《われわれ》とは、量産家畜の悲劇に心を痛める人びと、屠殺・解体作業に従事する人びとを除くすべての国民を指す。その関心はもっぱら、食肉の生産効率や価格など皮相かつ無機的な数字の多寡や変動に向けられ、量産家畜たちを《いのち》ある存在として実感しないことにおいて共通している。

「隣人を喰らうには作法がいる」と説いたのは津村喬氏である。同氏は『危ない食品から家族を守る法――害食時代を生きのびる知恵』(光文社、一九八三年)において、「豚を自分で屠畜するか、自分でしないまでも現場を見せてもらうかすれば、肉に対する態度が少し変わるかもしれない」と書く。「プランターでナスを育ててみるだけでも『屍体たち』への感覚は少し変わるだろう。食卓に座ると、畑や田んぼや家畜の飼育場や漁場が見える、という基本的な人間的想像力を取り戻さねばならない」と指摘する。

他方、高松修氏も前掲『石油タンパクに未来はあるか』において、「たべもの＝農畜産物の本質を把握し、その品質を判断しようと思うなら、誰(生産者)が誰(消費者)のために、いかなる人間的自然(農場・田畑・牧舎などの生産現場)のなかで、いかなる技術体系を適用して、生産したものかを問えばよい。すなわち、消費者がたべものの質を知りたければ、そのたべものの生産者＝人間をまず知ることであり、生産現場(田畑・牧舎)へ行って、そのあるがままの生産実態を学ぶことである。……生産者との人間的関係をきり結ぶこと」であると書く。いずれも、まったく同感だ。

三〇年近く前、農業実習をさせてもらったある農場で筆者は、①農場内の処理施設で三二羽のブロイラーの放血・解体作業、②地域の屠場で豚の解体作業の補助、③屠場から農場に持ち帰った三四個の豚の頭の皮剥ぎを体験したことがある。そして、《その日》を境にして、「食」に関する価値観が一変したことを思い出す。

いまでこそ、「生命の尊さを『触覚』を通じて感じた」「生の裏面で展開される荘厳な現実の一端を垣間見た思いがした」「動物であれ、植物であれ、他者の死によって己の生が支えられている現実を、受け売りの知識としてではなく、体験を通じて学んだ意義は大きかった」などと、悟ったふうなことが書ける。だが、正直なところ、筆者は当時、ひたすら《その場》から逃げ出したい衝動に駆られていた。いまでも、筆者の左の掌《てのひら》は、ブロイラーたちの断末魔の筋肉の痙攣《けいれん》を鮮明に記憶している。

この程度の体験を針小棒大に書き立てるつもりはないが、《その日》の体験があった所為《せい》だろうか、津村・高松両氏の指摘が抵抗なく腑に落ちる。食・農・環境の健全性の実現を求め、目標実現に向けてさまざまに活動している人たちも、おそらく筆者と同じ感想をもたれるだろう。

まずは、知ることだ。そのためには、体験するのが早道だが、《その場》を見学するだけでも「食」に対する見方はずいぶん変わる。あるいは第三の方法として、量産家畜の悲劇について書かれた書物を読むことだ。先に紹介した書物はいずれも出版年が古く入手困難だが、図書館にはあるだろう。地域の図書館になくても、国立国会図書館には必ずある。その気になりさえすれば、インターネットで古本の検索もできる。必要なのは、知ろうとする意思だ。

残念ながら、日本のサイトではないが、たとえば①Defending Farm Animals(http://www.defendingfarmanimals.org/pictures.htm)というサイトでは、量産家畜の過密飼育現場の写真と牛・豚・鶏それぞれ約一分三〇秒のビデオが見られる。また、②Farm Animal Welfare Network(http://greenfield.fortunecity.com/garden/156/)というサイトには、動物福祉や抗生物質の使用に関する現状報告や論評が多く掲載されている。

その次は、第1章の末尾にも例示したが、産消提携運動に取り組む産直・共同購入グループへの参加、生協の産直運動への参加などを通じて、量産家畜たちを《いきもの》としてやさしく飼養管理する生産者に一票(紙幣)を投じ、彼らの畜産(牛・豚・鶏)経営を安定させることだ。

無理をしては長続きしないが、このような、個々人のささやかな意識変革と行動の積み重ね、すなわち量産家畜たちを《いのち》ある存在と見る人間的想像力の回復作業の継続と集積こそが、一見迂遠に見えても、結局は食の安全性確保への近道だと心得たい。《われわれ》の覚醒こそ、食べ物の質を決定する最終要因である。

ＢＳＥ事件を農水省バッシングで終わらせてはなるまい。第１章図９に示したように、われわれもまた《無意識の加担者》であったのだから。

第3章 安い牛乳、高い牛乳

1　価値と価格

牛乳が栄養価に富むきわめて良質の食品であることは、誰もが知っている。近年では、牛乳に含まれるホエータンパク質の血清コレステロール低下作用をはじめ、さまざまの生理活性物質が有する免疫調節機能、感染防御効果、静菌効果(微生物の増殖を抑える)、抗菌効果(微生物を特定し、その増殖を抑える)などが確認されている(ただし、生理活性物質は加熱には弱い)。

だが、このように優れた価値を有する牛乳の価格が、地下の湧き水などを加熱殺菌してペットボトルに詰めただけのミネラルウォーターの価格より安い(生産者受取り価格比較)としたら、われわれは、いったいその理由をどのように説明すべきであろうか。

国産のミネラルウォーターの原水が、ヨーロッパのそれと同じく、厳しい基準を満たす稀少性のあるものなら、牛乳より高価格であるのも理解できなくはない。いっさい手を加えず、無殺菌・無除菌でそのまま飲用に適した清浄な原水は、文字どおりに稀少であり、天然の宝石類のように稀少性はそれだけで十分な価値となり得るからだ。

ヨーロッパでは、水質基準に加えて「採水場所から半径二km以内に人工建造物があってはならない」とか、「源泉周囲の広い範囲を保護区とし、工場の建設禁止、農薬の使用制限など環境保護を徹底している」という。しかし、「日本にはこのような規制はないから、水源のある山にゴルフ場や産業廃棄物処理場がつくられる」（食の科学編集部「ミネラルウォーターの市場動向」、八藤眞「ミネラルウォーターの品質評価」『食の科学』一九九五年六月号）。したがって、稀少性もない。

日本では「中心部水温八五度で三〇分以上」の加熱殺菌が義務づけられているが、ヨーロッパでは加熱殺菌しなければ飲めないような原水はミネラルウォーターと言わない。「飲み続けることで健康に好適な特性があることが科学的、医学的、又は臨床学的に証明されていること」「人体にとって安全な生菌が正常な範囲で生きていること」「殺菌やミネラル分の添加・調整など、あらゆる人為的加工をしていないこと」(http://www.water.ne.jp/) などの厳しい基準を満たせるヨーロッパの原水には、稀少価値がある。

では、なぜ、牛乳は国産ミネラルウォーターより安いのか。この問いに答えるのは、必ずしも容易ではない。

経済学者なら市場理論を持ち出して、価格は需要曲線と供給曲線の交点において成立すると説き、需要の価格弾力性、所得弾力性、交差弾力性などを計測し、それぞれの商品特性や商品相互の連関性（代替関係、補完関係）を説明しようとするかもしれない。あるいは、市場の成熟度や成長率による説明を試みるかもしれない。

日本の酪農事情に詳しい人びとなら、「日本酪農に固有の『メーカー縦割り』の集乳慣行と乳価形成」（永木正和・筑波大学教授）、すなわち「乳業メーカーとの飲用向け乳価交渉における指定生産者団体の交渉力不足」など、日本の酪農・乳業界に内在するさまざまな構造問題に焦点をあてて説明しようとするかもしれない。あるいは、川下（消費段階）の事情に詳しい人びとなら、酪農経営の再生産を無視した大型量販店の「価格破壊」攻勢と、それを歓迎する消費者の購買行動（「食」の位置づけ）によって説明しようとするかもしれない。

市場理論は、需要者側の条件として商品に関する完全な知識を仮定し、また市場の価格決定を歪めるような独占状況や寡占状況が需要者側・供給者側に存在しないことを仮定する。しかし、牛乳の場合、雪印・明治・森永の大手三社で集乳量の四〇％前後、販売量の四五％前後を占める寡占状況にあり、また酪農に関する平均的消費者の知識は残念ながらきわめて乏しい。一万三四二〇人もの有症者を出した「低脂肪乳」食中毒事件（二〇〇〇年六月）、BSE対策を悪用して約一億九六〇〇万円を詐取した偽装牛肉事件（〇二年一月）によって「雪印」の名は地に落ちたが、〇三年一月七日に「メグミルク」の販売を開始した国内最大の牛乳メーカー「日本ミルクコミュニティ」（雪印乳業、ジャパンミルクネット（全酪）の牛乳部門、全国農協直販の三社が牛乳事業を統合）の出現により、乳業界の寡占状況はさらに加速している。

2　エコロジー牛乳は高いか

一　反骨の酪農家・中洞正氏

筆者は、「ミネラルウォーターより牛乳のほうが安いなんてオカシイ」と感じる、市民感覚に基づく《素朴な疑問》を大切にしたい。放牧主体の健康な乳牛から搾ったノン・ホモジナイズド（生乳に含まれる脂肪球を人工的に粉砕・均質化しない）、成分無調整の低温殺菌牛乳を飲むことを、理想としたい。その理由は、そうした疑問や理想を手がかりに、消費者一人ひとりが《自分の頭で》牛乳や酪農について考え始めることにより、個々人の「食」の位置づけが見直され、日本の酪農・乳業界に内在する構造問題などに対する関心・認識が深まり、紙幣に形を変えた一票が《支持に値する商品》に正しく投じられるようになると考えるからである。

「この程度の国民ならこの程度の政治」（秦野章・元法務大臣）と言われないためにも、われわれは一票の然るべき行使によって厳しい審判を下さなければならない。惰性に流れ、主権者としての権利と権利に付随する責任を放棄するとき、「食の主権」（津村喬氏）の奪回も夢物語に終わると肝に銘じておきたい。そのためには、われわれは、きわめて少数ながらも全国に点在する「自立した酪農家たちの声」に耳を傾けなければならない。

何をもって高いと言い、安いと言うかは、所得の多寡や「食」および「農」に対する意識の深浅に起因する個人差がある。物知り口調で本稿を書き、読者に不快感を与えているかもしれないと内心忸怩《じくじ》たるものがあるが、実を言うと、筆者が牛乳の価値と価格について真剣に考えるようになったのは、岩手県の酪農家・中洞正《なかほらただし》氏と語り、同氏の生き方に共感したことがキッカケであった。筆者は一九九六年七月、岩手県を南北に走る北上山系の中央に位置する岩泉《いわいずみ》町、標高八〇〇mの有芸《うげい》高原に拓かれた「エコロジー牛乳・中洞牧場」を訪問した。以下の記述は、インタビュー・メモを中洞氏の論文(『現代農業』九九年二月号〜一二月号連載)で補完し、その後に得た資料などを追加したものである。

中洞氏への取材を思い立ったのは、三度の出会いがあったからだ。最初の出会いは一九九四年六月一三日、櫻井よしこ氏がニュース・キャスターを務める、日本テレビ「きょうの出来事」の特集レポートだった。二度目は同年一一月四日、「第三回有機農産物東京フォーラム」の基調講演で櫻井氏が「エコロジー牛乳」に言及し、自らも愛飲者であることを公表されたとき。そして三度目は、九五年一〇月三〇日の深夜に見た日本テレビ「ドキュメント'95」である。

テレビはいずれも、ライトを点けた大型トラクターを操り、風雪に耐えて山間の放牧場で待つ乳牛たちのもとにサイレージ(夏に刈り取り、発酵させた牧草)を運ぶ中洞氏の姿を映し出していた。また、七二〇㎖ビンに詰められたパスチャライズド牛乳(六二度三〇分の低温殺菌)の価格は一本四一〇円で、一般牛乳の二倍以上もするが、宅配固定客は着実に増えていることを伝えていた。

だが、筆者が興味をもったのは、そのことよりも、経営難に陥った入植酪農家の負債を軽減するために岩手県が提案した債務利子補給（北上山系入植農家経営安定緊急対策事業）を断る、中洞氏の反骨の姿勢だった。

「北上山系開発事業は一九七五年に着工され、八七年に八区域の事業が完了した。私は八四年の春に約六〇〇〇万円の資金を借りて入植した。借入資金の償還計画は、キロ（一ℓ）あたり乳価一〇〇円を前提に立てられ、国や県の役人が用意したその『机上プラン』（営農計画）では、真面目に営農していれば計画期間内に完済できることになっていた。しかし、乳価は間もなく八〇円台に下落。また、九一年四月からは牛肉が輸入自由化されて雄仔牛や老廃牛などの個体販売価格が急落し、借入資金償還計画の経済基盤が根底から覆されることになった。国は一方で畜産振興を唱えながら、他方で牛肉の輸入自由化を受け入れ、入植者たちの償還計画をぶち壊したのだ」

「国は『乳価下落は予測不能（不可抗力）』と言い、県は『牛肉の輸入自由化は県の責任ではない』と言う。しかし、消費が低迷して牛乳がダブついたため、一九七九年度から計画生産（生産調整）が実施されていた。乳価低迷は当然、予想されたことだった。にもかかわらず、その後の入植者に対しても国・県・市町村の役人たちは一〇〇円乳価を前提にした営農計画を指導。さらに、先発入植地ですでに欠陥が露呈していた一〇〇〇万円から二〇〇〇万円以上もするタワー型スチールサイロや、人間の住宅よりはるかに堅牢で立派な牛舎を半強制的に建てさせ、初期投資額を大きくした。有芸地区には三戸入植したが、『三戸の施設形態を統一しなければ会計検査を通らない』と言われ、タワー型スチールサイロより格段に安価なバンカー・サイロ(丘陵地の斜面を削って壁面と床面にコンクリートを張り、搬入した牧草をビニールシートで覆う水平型サイロ)は認められなかった。財政投融資資金の運用と予算消化しか念頭にない彼らには、コスト節減意識がない」

「『国は開発事業地域を指定するだけ、農用地開発公団(現在は緑資源公団と改称。役人の天下り団体の一つ)は牧場建設を独占的に請け負い、財政投融資資金を使って設計図どおりに造るだけ。建売牧場の引渡しが完了して所有権が入植者に移った以上、あとは増頭・乳量増加・コスト削減など自助努力でやれ。入植者には元金と利子(当時の財政投融資資金貸付利率は約七%)を期限内に償還する義務がある。問題があれば県や市町村に面倒を見てもらえ』というのが国の役人たちの基本姿勢だ。あまりの無責任ぶりに唖然とする」

以上は、中洞氏からの聴き取りに基づく筆者の要約である。氏は入植者に平均二〇〇万円前後の利子補給(利子支払の肩代わり)を提案する岩手県の姿勢を次のように批判し、利子補給を受けることを拒んだ。

「利子補給は彌縫《びほう》策だ。一方で畜産振興を唱えながら、他方で牛肉の輸入自由化を受け入れ、入植者の借入資金償還計画をぶち壊した《国の失政》を隠蔽することになる。県がこの事業に内在する問題点を公表しないかぎり、国はまた他県で同じ過ちを繰り返して新規事業への参加農家を苦しめるにちがいない」

この問題を取り上げた『岩手日報』には「北上奥羽山系・開発の果てに――①働いても増える負債」（一九九三年一二月二〇日）、『朝日新聞』（岩手版）には「北上山系開発・きしむ酪農王国――（番外編・記者座談会）農業開発の矛盾凝縮・当初営農計画が元凶に」（九四年一月一八日）などの大きな見出しが躍っている。ちなみに、北上山系開発事業は八地区一七市町村の一万五六九haを対象に実施され、草地等の農用地造成五六六五ha、道路四四四㎞をはじめ、関連施設の整備が行われた。総事業費は六七八億円（当初計画では四八七億円）で、その約七〇％は道路建設に充てられている（岩手県農政部『北上奥羽山系の開発』八九年四月）。

中洞氏は予想したとおりの《反骨の酪農家》であった。そして、その反骨精神が次に述べる「自然交配・自然分娩・自然哺乳・周年昼夜放牧」を特徴とする乳牛飼養技術を捻《ひね》り出し、「エコロジー牛乳」を生み出した。

二　昼夜周年放牧

中洞氏は二〇〇三年現在、四〇haの放牧地（野シバ中心）と一〇haの採草地（オーチャードグラス、チモシー、クローバーなどサイレージ用牧草）に、経産牛二一頭（うち搾乳一五頭）、雄牛二頭、育成牛一三頭を放牧している。この数字は、最初に訪問した一九九六年からほとんど変わっていない。

中洞牧場の昼間の風景は、遠目には、都市住民がイメージする牧場風景と大差ない。しかし、近づいてよく見ると、成牛には雄・雌ともに角がある。白黒模様の母牛の乳首に、全身褐毛の幼牛が吸いついている。種牛とおぼしき雄成牛は雌成牛よりも小柄で、茶褐色をしている(雄はホルスタイン種とジャージー種とのF_1雑種)。そもそも、雄の成牛が雌の成牛といっしょに放牧されていること自体が特異だ。

中洞牧場の牛たちは、一様に骨太で筋肉質。人間にたとえれば、重量挙げの選手のような体つき(太い腕や太腿、横広の脇腹、幅広い蹄《ひづめ》)をしている。また、放牧地には馴染《なじ》みのある牧草はなく、公園の芝生のような背丈の低い草がビッシリこびりついている。率直に言って、中洞牧場の近景は、標準的な牧場風景を見慣れた筆者の目には奇異に映った。

夜間の牧場風景も変わっている。中洞牧場でも他の標準的な牧場と同じく、毎日、朝夕二回搾乳する。しかし、夕方の搾乳を終えた母牛はその後、自らの意思で放牧場に戻り、お気に入りの仲間とお気に入りの樹下で過ごしている。

なんと言っても、きわめつけの特異さは、ときに氷点下二〇度にもなる厳冬期でも雪中に放牧される牛たちの姿だ。先に述べたように、出会いのキッカケをつくってくれたテレビ番組はその姿を放映していたが、雪まみれの牛たちの映像を見て筆者は寒立馬《かんだちめ》(青森県下北半島の尻屋崎《しりやざき》で飼養される役肉兼用馬)の乳牛版だと思った。「粗食に耐え、厳寒の季節、雪中に力強く立ちつくす姿は命の尊さと逞しさを、温暖の季節には滲み出る愛らしさで人々の目を引き付けます。寒立馬は自然の躍動を感じさせてくれます」と観光ガイドに記されている。それは、中洞牧場の牛たちにもピッタリの表現であるように思われた。九五年二月に中洞牧場を訪れた櫻井よしこ氏が残した色紙には、「雪原に遊べ君が夢、雪原に駆けよ大いなる夢」「雪よりも尚白き君がちち、生命の悦び」とあった。

三　牛乳は牛の「母乳」

牧場風景の特異性は、中洞氏の「酪農哲学」の現れである。哲学というと大仰に聞こえるかもしれないが、牛の飼い方、草の作り方、牛乳の販売の仕方などは、すべて「大自然の中で牛と共に牧歌的な生活をするアルプスの少女ハイジの世界を理想」とする中洞氏が、自らの理想の実現に向けて試行錯誤した結果、獲得した技《わざ》だ。当人が意識するか否かは別にして、技は人生観・世界観・哲学が集約された無形の文化的所産でもある。したがって、そのような技を適正に評価するためには、それに相応しい評価のモノサシを工夫しなければならない。

自他一体の共同体建設に取り組む人びと、産消提携を基軸に有機農業運動を展開する人びと、自然農法の祖として海外からも高く評価される愛媛県伊予市の福岡正信翁、そのほか先駆的な事業や運動に取り組む人びととの出会いを通じて、「既成概念（モノサシ）で測る（評価する）傲慢さを排除しなければ、深層に潜む真の価値を知ることはできない」ことを、筆者は学んだはずだった。だが、それを忘れて、中洞氏に初対面した折、経産牛一頭あたりの年間泌乳量を真っ先に尋ねた。

いうまでもなく、酪農家は生乳販売によって生計を立てている。酪農家の技は乳量に集約される。

したがって、経産牛一頭あたりの乳量を知ることによって酪農家の技量が推測できる。いまにして思えば汗顔ものだが、既成概念に毒された当時の筆者は無意識のうちに中洞氏を値踏みしていたのだ。

回答は「たぶん三五〇〇から四〇〇〇kg。正確なところはわからない」であった。中洞牧場では試行錯誤の末、入植して四年経った一九八八年から「一年中、昼も夜も放牧する自然放牧」を完全実施し、交配も、分娩も、哺乳も、すべてを牛任せにしている。だから、母牛の正確な泌乳量は把握できない。否、「できない」というよりは、そんな瑣末な事柄に中洞氏は「関心がない」のだ。会話が進むにつれて、回答の意味するところがわかり、小賢しい質問を投げかけて中洞氏の酪農技術を値踏みしようとしたことを、筆者は恥じ入らざるを得なくなる。

表1に中洞氏の酪農哲学を整理した。中洞氏は代用乳（脱脂粉乳や牛の油脂などの主原料にさまざまの栄養剤を添加したもの）を認めない。「牛乳は仔牛にとっての母乳。それを仔牛から取り上げる近代酪農のやり方は邪道だ。牛を単なる牛乳生産マシーンと捉え、泌乳量の多寡だけで牛の能力を評価するのは誤りだ」と、近代酪農の《常識》では生後一週間弱で切り上げる母乳による哺乳を中洞氏は一カ月半から二カ月間も続けている。代用乳購入費と生乳販売額とを比較して利益があるからこそ、近代酪農技術では一週齢以降は代用乳に切り替えるのだが、中洞氏は仔牛に自由に母乳を飲ませる自然哺乳のほうが合理的だという。

飼養技術や飼養環境にもよるが、全国平均で年間七〇〇〇kg以上も泌乳するように《改良》された高泌乳牛の場合、経済寿命（人為的寿命）は多くても三〜四産（生後五〜六年）程度とされている。しかし、中洞牧場では「母乳をふんだんに飲んで母親の愛情を一身に受け、野山を自由に駆けめぐった仔牛は丈夫に育ち、『獣医知らず』で十数年も働いてくれる」のだ。中洞氏は言う。

「我が家の牛は、みんな長寿だ。粗食に耐え、厳冬期の北上山系の風雪にもビクともしない頑強な牛に育つ基盤になっているのが、草を求めて放牧地を歩き回る母牛の後を追いかける仔牛への、一～二カ月間の自然哺乳である。その間、仔牛には飲みたいだけ自由に飲ませる。近代酪農はそれを収入資源の浪費だと決めつけて仔牛から取り上げる。本末顚倒もはなはだしい」

「消費者は、母牛に寄り添って歩く仔牛の幸せそうな姿に人間の母と子の姿を重ね合わせて心を和ませ、牛を牛舎に閉じ込めない自然放牧酪農が有する多様な価値を理解し、『エコロジー牛乳がミネラルウォーターやコーラなどの工業生産された飲料品より高いのは当たり前』だと納得してくださる」

エコロジー牛乳は納得した消費者に受け入れられ、一般市販牛乳の二倍以上の価格にもかかわらず、供給が需要に追いつかない状況が続いている。乳量の低さをプレミアムの高さが補っているのだ。後に述べるように、中洞氏が獲得した技は、①牛にも酪農家にも不要な負荷を与えない「楽農（＝酪農）」技術であり、②近代酪農技術よりはるかに労働節約的・資本（機械や施設）節約的、かつ、③林地の下草など未利用資源を飼料として活用する、きわめて合理的な酪農技術に仕上がっている。その技は、牛乳を牛の母乳と捉える、中洞氏の豊かな感性が生み出したのだ。

酪農哲学

方　法	生後間もない仔牛の哺乳量は多くても10kg程度。その飲み残しを搾乳する。人間は仔牛の飲み物を分けていただいている。 ⑤自然哺乳は1ヵ月半から2ヵ月で終え、強制離乳させるため、仔牛を2～3ヵ月間、牛舎に入れる。 ⇨ 生後1ヵ月も過ぎると、20kg程度の牛乳はすべて仔牛に飲まれてしまうため、親子を強制的に離別させ、仔牛を牛舎に隔離する。3日から1週間くらい親子が別離を悲しんで互いに呼び叫ぶ。かわいそうだと思うが、これは経済動物の宿命とあきらめざるを得ない。
中洞語録	①牛舎の中で1万kg搾るという反自然的なことを行うために近代酪農技術は存在している。 ⇨ 配合飼料、飼料添加物、各種栄養剤、人工授精、受精卵移植、高度な治療技術、膨大な経費を必要とする糞尿処理施設、ハイテク装備のトラクターと作業機……。牛は病み、生産コストばかりが嵩む。 ②自然放牧で4000kg搾るところにあるのは「自然の摂理」のみ。 ⇨ 哺乳は母牛がする、受精は父牛が行う。分娩も母牛と生まれ来る仔牛の生命力のもとに行われる。餌の給与は天と地の恵み。牛たちは自らそれらを探し出して食べる。糞尿の処理も牛任せ。これらの基本は「面積と頭数のバランス」。牛を飼養管理するための余計なコストは不要。 ③生産されるものは、なによりも安全性が優先され、人にも牛にも自然にも負担をかけてはならない。 ④人間の食料と競合しない形態でのみ日本酪農は存在することが許される。 ⇨ 近代酪農は経済力にものを言わせて略奪的に穀物を買い漁り、いまや、経済力のない発展途上国の人びとを飢えさせる「非人道的産業」に成り下がっている。牛に人間の食料を与えてはならない。 ⇨ 穀物飼料の多量給与は、草食動物である乳牛の消化機能に重大な障害を引き起こしている。

(注)中洞氏が『現代農業』(1999年2月号～12月号)に連載した自然放牧に関する記事をもとに作成。

表１　中洞正氏の

特　徴	山　地　酪　農　方　式
契　機	①「山地酪農」とは、未利用のまま放置されている日本の国土の７割を占める山地に、国土の植生にあった放牧地をつくり、それを利用した山地放牧型酪農。その提唱者・猶原恭爾博士に出会い、その理論に接したとき、「これぞ理想の日本酪農だ」と思った。 ②八ヶ岳山麓の開拓酪農家・日野水一郎先生の「アルペン酪農」にも大きな影響を受けた。日野水先生は農林省のキャリア官僚という栄達を捨て、一介の開拓者となった、異色の酪農家だった。 ③山地酪農の実践者・高知県の岡崎正英先生の著書『農のこころ』にも大きな感銘を受けた。 ※この偉大な指導者たちが当時の規模拡大、大量生産をめざす農政に逆行する異端児として、不遇な扱いを受けていることを知った。
方　法	周年昼夜放牧、自然交配、自然分娩のメリット
	①牛舎内の作業(餌運び、糞尿処理など)のほとんどを牛自らが代行してくれる。 　牛は餌(草)のある所まで自分の脚で歩き、糞尿を大地に肥料として散布してくれる。人間が給餌するのは、搾乳時に牛舎内で与える少量のビート・パルプと米ぬかだけ。 ⇨ 糞尿散布機などは不要。 ②大自然の中で牛は自然に交配し、分娩する。乳量を求めず、山地を自由に歩き回っている我が家の牛は、健康で「獣医知らず」。お産も軽い。 ⇨ 人工授精不要。助産器具も不要。自然界で助産を必要としているのは、反自然的な生き方をしている動物のみ。助産は大量生産という経済的価値観に基づいたイビツな行為。それを「高度な酪農技術」だと錯角しているのが近代酪農。
	自　然　哺　乳　と　強　制　離　乳
	③牛乳は牛の「母乳」である。 　母乳をふんだんに飲んで母牛の愛情を一身に受け、野山を自由に駆けめぐった仔牛は、丈夫に育つ。 ④我が家の牛は分娩直後でも１日20kgくらいの乳量しかないが、

四　酪農は「楽農」

自然哺乳もそうだが、自然交配・自然分娩・周年昼夜放牧など中洞氏が確立した技は、ことごとく近代酪農の《常識》から逸脱している。

近代酪農の飼養技術や施設・機械類はすべて、限られた面積に可能なかぎり多くの牛を飼養し、個々の牛から可能なかぎり多量の乳を搾り取ることを前提に構成されている。第2章で述べたような①魚粉・油脂・肉骨粉などの動物質飼料やトウモロコシ・コウリャンなど穀物を主体とした濃厚飼料の多給、②抗菌性物質の飼料へのプレミックス、③摂取エネルギーの浪費防止のための運動抑制など、これらの発想の基底にあるものは、すでに批判的に検討した効率主義・生産力至上主義など「現代工業化社会のパラダイム（時代を支配する価値観や制度の枠組）」（坂本慶一『日本農業の再生』中央公論社、一九七七年）である。

これに対して、中洞氏は「可能なかぎり広い面積に、経営が成り立つ範囲で可能なかぎり少ない頭数を飼育し、草食動物である牛の生理に負荷を与えない程度に搾乳する」ことを理想とする。そして、近代酪農の現状を次のように批判する。

「基底にあるのは『工場』の発想。牛を牛乳生産マシーンと捉え、いかにして機械を改良して泌乳能力を高めるか、機械が故障しないようにメンテナンスするかなどに関心が集中。酪農家は、それらを高度で先進的な酪農技術だと思い込まされている。

「高性能の精密機械が衝撃や水濡れに弱いのと同じく、年間一万kg以上も泌乳するように改良された牛は環境変化への適応力が弱く、耐用年数も短い。また、精密機械の能力を引き出すためにはさまざまなメンテナンス・コストがかかる。人工授精、分娩時の助産、仔牛への人工哺乳、各種飼料添加物がプレミックスされた配合飼料の給餌、糞尿処理など、精密機械（牛）を工場（牛舎）に囲い込むことに付随する作業が増加し、酪農家は早朝の搾乳から夕方の搾乳まで休まず働き続けることになる」

「近代酪農技術は、酪農家を飼料・肥料・薬剤・施設・機械・乳業メーカーに奉仕させる技術、牛を牛乳生産マシーンとして、酪農家をメンテナンス・ロボットとして、酷使する技術である。多頭飼育は酪農家に加重労働を強い、糞尿公害（地下水汚染）や悪臭公害を発生させる。そこには、大自然に生きる喜び・労働の喜びはない」

先述したように、中洞牧場の牛の泌乳量は全国平均の半分程度である。だが、中洞氏は「①自然放牧で得られる泌乳量（四〇〇〇kg程度）で十分。これ以上搾るのは邪道。②世界には飢餓で苦しむ八億の人間がいるのに、泌乳量を増やす目的で人間の食糧（穀物）を牛に与えるのは邪道。③草を食う動物に無理に濃厚飼料を多給するから障害が出る。④牛舎に閉じ込めて運動不足にし、アンモニア臭の漂う悪い空気を吸わせていて、牛が心身ともに健康であるわけがない」と言って、昼夜周年放牧に徹している。

飼料は、放牧地の野シバと冬季に与える牧草サイレージなどの粗飼料が中心。濃厚飼料は、搾乳時に北海道産ビート・パルプと宮城県の某酒造会社の米ヌカを一日一頭あたり夏季三kg、冬季五kg給餌するだけだ（年によっては、冬季に不足するサイレージを北海道産乾草で補充する）。

中洞氏が粗飼料中心の自然放牧にこだわるのには理由がある。表1にも示したが、学生時代（東京農業大学）に猶原恭爾博士の説く「山地酪農」の深遠な思想に触れて開眼。さらに、日野水一郎氏や岡崎正英氏ら山地酪農の先達酪農家たちの実践に意を強くし、爾来《じらい》、山地酪農の思想は中洞氏の人生指針になったからだ。

「創造性を欠き、輸入濃厚飼料に依存し、乳牛は小屋の中で発育不全に育ち、病気・難産・不妊を頻発し、短命で、乳牛の本質が発揮されていない経営に敢えて酪農の言葉をあてるなら、それは『変態酪農』である」と著書『日本の山地酪農』（資源科学研究所、一九六六年）に書き、その急進的な言行から「当時の農政にも取り上げられず排撃され、……異端児どころか、気違いあるいはペテン師と見なされ、立つ瀬を失った」（猶原清子「猶原博士構想の山地酪農の五〇年を顧みて」『まき』第三四号、二〇〇〇年二月）まま、八七年四月に七九歳でこの世を去った師の教えが、卒業後の中洞氏の生き方の支えになっている。

「自然放牧の酪農は楽しい。楽しいから楽農、作業が楽だから楽農だ。牛を牛舎から解き放して草を自由に採食させ、交配も、分娩も、哺乳も牛に任せる。牛の潜在能力を信じて任せれば、酪農は楽農に転ずる。ポイントは野シバと自然放牧に適した牛づくりだ。不遇の学者・猶原博士が説かれた山地酪農を基盤にして四〇〇〇kg程度の乳量でよしとするなら、牛は獣医知らずになり、酪農家の作業は朝夕の搾乳だけになる。乳が張ったら、母牛は自発的に放牧地から下りてくる」と中洞氏は言う。ここには、自然農法の祖・福岡正信翁が説く「不耕起、無農薬、無肥料、無除草(無剪定)」「無為自然(放任ではなく自然の摂理に従う)」に似た自然観があるように思える。

いま、巷間では、循環型社会形成やバイオマス(生物資源)の有効利用が大きな社会的関心事になっている。時代を先取りしすぎたために不遇のままに生涯を閉じた猶原博士の山地酪農の思想は、中洞氏をはじめ、筆者は取材をしていないが、北海道旭川《あさひかわ》市の斉藤晶《あきら》牧場、清水《しみず》町の出田義国《いでたよしくに》牧場、浦幌《うらほろ》町の島田敬一牧場、岩手県田野畑《たのはた》村の熊谷《くまがい》隆幸牧場、吉塚公雄《きみお》牧場、長野県南牧《みなみまき》村の柏前《かしわざき》の牧《まき》、群馬県下仁田《しもにた》町の神津《こうづ》牧場、島根県木次《きすき》町の日登《ひのぼり》牧場、高知県南国《なんこく》市の斉藤陽一牧場など、多数の地域で受け継がれて静かに開花している(http://group.lin.go.jp/souchi/)。

五　高いから買わない

平均的な消費者は、「それでも、四一〇円は高い」と言うかもしれない。高い安いの感覚は個人差があるから、筆者がとやかくいう問題ではない。しかし、「食」の主権者として、「高いから買わない」という受け身の選択(投票)ですませてよいのだろうか。

一九九二年一月に月間二〇本足らずで始まった「エコロジー牛乳」の宅配は、同年六月には口コミで一二〇本に、そして一〇年後の現在は、新聞やテレビで何度も紹介されたことがプラスに作用して、月間約一万七〇〇〇本にまで急成長している。内訳は、地元宅配(宮古《みやこ》市、盛岡《もりおか》市、久慈《くじ》市、花巻《はなまき》市)が約三〇〇〇本、地方宅配が約一五〇〇本、業者への卸売が約一万本、その他約二〇〇〇本(いずれも七二〇㎖ビン入り)。遠隔地の個人が購入する場合には、牛乳代四一〇円、ビン代九〇円(ビン返却の場合は不要)のほかに送料がかかるため、注文本数(下限は二本)が少ない場合、送料のほうが高くつくのが頭痛の種になっている。

急伸する需要に中洞牧場だけでは対応しきれず、また、自然放牧酪農の仲間を増やしたいという願望もあり、中洞氏は近隣で山地酪農に取り組む先輩酪農家や新規参入者にも呼びかけて乳量を確保している。また、一九九七年六月末にミニ・ミルクプラントを建設し、入植一四年目に中洞氏は自らが夢に描いた「ナチュラルな牛乳の一貫生産体系」を完成させた。以下は、ミルクプラント建設までの経過である。

「それまでは、町内にある小さな乳業メーカーで低温殺菌牛乳(エコロジー牛乳)に加工してもらっていたが、加工費は一本一〇〇~一五〇円もした。私は自分で販路を開拓するアウトサイダーだ。しかし、加工原料乳の不足払い制度の下では指定生乳生産者団体(農協、経済連)を通す流通(系統出荷)しか認められない。したがって、委託加工先の乳業メーカーにアウトサイダーになる意思がない以上、委託加工を続けるには『形式的インサイダー』の形をとらなければならなかった。つまり、書類上は系統(農協、経済連)に出荷した生乳を乳業メーカーが買い取って牛乳に加工する形にし、一kgあたり三〇円もの手数料を系統に支払うのだ」

「中洞牧場の生乳は私が直接、乳業メーカーに運ぶ。にもかかわらず、農協、経済連は一滴の生乳にさえ触れることもなくペーパー・マージン（手数料）をとる。一九九七年の月間販売本数は一万本に達していたから、彼らに年間二〇〇〜三〇〇万円、委託加工先に一〇〇〇〜二〇〇〇万円も支払わねばならなかった」

「こんな硬直的なシステムの下では今後の発展は望めないと痛感した私は、経理を見てくださっていた人のアドバイスもあり、地方銀行に相談することにした。紆余曲折はあったが、審査に合格。支店長が事業の将来性を高く評価してくださり、総額六五〇〇万円もの大金を全額融資していただけた。バブルに躍り、その後遺症の不良債権処理に汲々とし、保身一辺倒で貸し渋る銀行が大勢を占めるこのご時世に、『中洞さん、融資は人物にするんです』と言ってくださった若い支店長の言葉に、うれしさとともに責任の重さを感じた」

中洞氏は反骨精神を貫き、その実績を正当に評価できる人にも恵まれて、夢の実現にこぎつけた。

「工場生産の飲料品より安く売っては、牛に申し訳ない。『高いから買わない』という消費者は買わなくていい。そんな消費者に飲んでもらっても牛は喜ばない」と中洞氏は言う。筆者流に翻訳すれば、こうなる。

「牛を『穀物⇩生乳変換機械』とみなしてはならない。飢えた八億の民から貴重な食糧（飼料穀物）を奪ってはならない。《食のユニクロ化》は、際限のない価格競争に陥らせる。牛に肉骨粉を与え、抗生物質を与える『変態酪農』(猶原博士)は、BSE問題やVRE(バンコマイシン耐性腸球菌)問題など食の腐食・生命の腐蝕を発生させる。食べ物を高い安いの表層だけで評価せず、なぜ高いのか、なぜ安いのか、その理由の深層に目を向ける思慮深い消費者(有権者)であってほしい」

また、断定は控えるが、筆者は次のように推測する。

「もし、このエコロジー牛乳を平均的な消費者にとっても受容可能な価格で提供できるシステムができたら、エコロジー牛乳は『特殊』事例が生み出す『特殊』な牛乳ではなくなる。そのとき、ミネラルウォーターより安い量販店の牛乳からエコロジー牛乳への消費シフトが起きるだろう」

このように書くと、「ためにする議論」「机上の空論」といった批判や嘲笑が聞こえてきそうだが、果たして空論だろうか?

3 「食」の主権者への道

一 告発のすすめ——無駄遣いされる税金

温泉が農業振興なのか

農水省は一九九四年一〇月二五日に決定した「ウルグアイ・ラウンド農業合意関連対策大綱」に基

づき、九四年度補正予算から六年間、事業費ベースで総額六兆一〇〇億円という気の遠くなるような巨費を投じ、「UR農業合意が我が国農業・農村に及ぼす影響」の緩和を図った（非公共事業は二〇〇〇年度、公共事業は〇二年度が最終年度）。しかし、その七〇〜八〇％は大区画圃場整備、土地改良、生活排水・畜産糞尿処理施設、農林畜産物調整・加工・出荷施設、高生産性農業機械施設、都市農村交流施設など従来型の構造改善事業に基盤を置く、いわゆる土木建設事業への支出である。都市農村交流施設には、国民から厳しく批判され、国会でも取り上げられて問題になった温泉施設（全国二三施設、事業費九六億円）が含まれていた。

温泉施設については、農水省は率直に反省し、二〇〇〇年七月に公表した『ウルグアイ・ラウンド農業合意関連対策の中間評価』において、「農業の体質強化に結びついていないものがあるのではないかという批判を招いた」として、同年度以降、事業対象からはずした。しかし、その他の事業については「一定の効果を上げている」と自己評価した。

この『中間評価』は、「事業を所管している各局の担当課及び庶務課が実施したものに対して、大臣官房企画室が全体的な観点から総括を行うことにより実施した」ものであり、いわば身内による評価。「有識者の意見を聴く会」で指摘されたように、「評価は国民の批判に耐えうるものでなければいけない」が、そのためには第三者による外部評価が不可欠だ。しかし、『中間評価』はそのようにはなっていない（『中間評価』や「有識者の意見を聴く会」の議事録などは、http://www.maff.go.jp/soshiki/kambou/kikaku/ur.htm からダウンロードできる）。

有効活用されない農道空港

農水省は温泉施設建設の不適切さを公式に認めた。しかし、バブル期に建設した「農道空港」（農道離着陸場整備事業）については、いまもその非を認めていない。「生鮮食料品等の輸送等における航空機利用の増加に対応して、農業の生産性の向上と地域の振興を図るため」と称し、一九八八年度から九七年度まで一二四億円（国の補助率は四割強）も投じて全国八カ所（うち北海道内四カ所）に農道空港を建設している。

須藤美也子・共産党・参議院議員（当時）は、「北海道で四カ所の農道空港を建設した。当初計画では農産物の空輸量は一四六六トンだったが、実際は三・四トン、わずか〇・二%にすぎない。この建設に五六億円（うち国は二五億円）かけている」と事業計画の杜撰さを指摘し、国の責任を厳しく追及した。しかし、玉沢徳一郎・農林水産大臣（当時）、渡辺好明・構造改善局長（当時）は評価に関する答弁を避けた（第一四六回国会・参議院「農林水産委員会議事録」、一九九九年一一月一八日）。

庶民の常識から判断して、有効活用できていない農道空港は明らかに税金の無駄遣いである。農水省が率直にその非を認めないのは、行政の無謬《むびゅう》性幻想、体面、そして『BSE問題に関する調査検討委員会報告』（二〇〇二年四月）で指摘された「政と官の関係」があるからだ。『委員会報告』が指摘するように、「農林水産省の政策決定にあたり、最も大きな影響を与えているのが国会議員、とりわけ農林関係議員」であり、「官僚機構の常として、重要な判断は組織の連帯責任として決定される」ため、順送りで官職に就く局長や大臣が軽々に失敗とは言えない構造になっている。

この『委員会報告』について、「無礼な内容だ。農水族議員が裏でカネ儲けでもしているような誤った印象を与えかねない。……人を見損なうことは絶対に許されない」と不快感を露にした自民党総合農政調査会・最高顧問、江藤隆美・衆議院議員は、かつて別の問題で同僚議員に対して、「農政分野の決め事はすべて（総合農政調査会の）最高顧問の決断に従うことはご存知か」と言ったという。この発言は二〇〇一年一月の中央省庁再編に先立って、農水省の名称を農務省に変更することを提案した加藤紘一・自民党幹事長（当時）に対するものだが、通常、新規事業等について「自民党の農林水産部会をクリアすることが官僚にとって最も大事なこと」（『週刊ダイヤモンド』「特集・農水省の大罪」二〇〇二年四月二〇日号）になっている。

税金の無駄遣いを誘発・助長する予算単年度主義

さらに、より根の深い無駄遣いの事例としては、財政法に基づく「予算単年度主義」に由来する《構造的な浪費》がある。予算単年度主義の下では、当該年度についた予算を使い残したら、翌年度は財務当局から《予算減額というペナルティー》が課せられる。そのため、国や地方自治体の予算執行担当者は年度内に使い切ろうとする。官庁用語で《予算消化》というが、道路工事、物品購入、出張・調査・研修、会議、残業などが《恒例行事》のように年度末に集中するのは、あまった予算を翌年度に持ち越せないからだ。

国と地方自治体を合わせてどれほどの数の行政部局があるのか、筆者は知らないが、毎年度末に無理して「消化」される予算の使い残しを合計すれば、途方もない金額になるにちがいない。予算の単年度主義は、壮大な《合法的浪費の元凶》《構造悪》というべきである。ちなみに、堺屋太一・元経済企画庁長官は、予算単年度主義が日本の予算編成を公共事業偏重型にしてきたと批判している(「公共事業偏重の真因」『Voice』二〇〇一年九月号)。

告発のすすめ

ザッと見回しただけでも、この程度の事例がある。政策決定過程を不透明にする、「政と官の関係」を打破する唯一の方法は、われわれ一人ひとりが納税者・主権者としての義務と権利を自覚して国家予算(税金)の使途を厳しく監視し、疑義に対して声を上げることである。改めていうまでもなく、予算や制度は特定の政党や利権集団のためにあるのではない。粗雑で無意味な税金の使い方は改善させなければならない。

そのためには、第2章で述べたように、われわれ一人ひとりが自覚して《告発者》にならなければならない。その第一歩は、庶民の常識から逸脱する無駄な予算の使われ方をした、国道・県道より立派な農道や林道、閑古鳥の鳴く農業公園や農業体験施設などが生活圏内にないかどうかをチェックし、もし疑義あるときは、マスメディアに投書したり、全国の四〇〇団体以上が参加する「公共事業チェックを求めるNGOの会(http://kjc.ktroad.ne.jp/)」に通報することだ。

二〇〇一年四月から情報公開法(「行政機関の保有する情報の公開に関する法律」)が施行され、行政機関の長に対して当該行政機関の保有する行政文書の開示を請求できる。すでに各地の市民オンブズマン組織が行っているように、情報公開法を利用して資料を入手し、国や地方自治体の各種予算の執行状態を綿密に調査すれば、農林水産関係だけでも全国合計でおそらく億単位、いやそれ以上の無駄遣いが見つかるにちがいない。

われわれ一人ひとりが侮れない告発者となるとき、《ムネオ疑惑》がそうであったように、国・県・市町村の利権誘導型政治家や彼らに牛耳られる役人、あるいは行政の無謬性幻想に胡坐《あぐら》をかく役人たちは、無傷ではいられない。否、そうすべきである（農水省の情報公開制度に関する情報は http://www.bunsyo.maff.go.jp/main/index から得られる）。

ＢＳＥ事件のときのようには一気呵成に進展しないかもしれないが、告発や通報の続発によってマスメディアが動き、国民の関心が高まれば、税金の無駄遣いを自粛させることができる。ＢＳＥ事件に関して言えば、「牛肉在庫保管・処分事業の補助対象外となった業者名の公表に係る第三者検討会」（座長＝田中一昭・拓殖大学教授）が二〇〇二年八月一五日に指摘し、武部勤・農林水産大臣（当時）も認めざるを得なくなった国産牛肉買上制度の欠陥、すなわち〇二年一月の雪印食品を皮切りに同年八月の日本ハムに至る数々の牛肉偽装事件を「誘発した」「不十分・不徹底な実施手法及びその体制・対応」が白日の下に晒されることになったのは、ＢＳＥ事件を契機に国民の厳しい監視の目が農水省に向けられ続けていたからだ。

周知のように買上制度には買上費、保管費、焼却費など合わせて約二九三億円（約一万二六〇〇トン、約九一万六〇〇〇箱）の税金が投じられることになっていた。西宮冷蔵・水谷洋一社長の勇気ある内部告発がなければ、雪印食品は約一億九六〇〇万円をまんまと詐取して現在も存続し、その後続発した数々の偽装事件は隠蔽されたままになっていたかもしれない。

二　制度要求のすすめ——納税者の権利

直接支払制度の導入

われわれが行政や政治家にとって《侮りがたい存在》になれば、その存在自体が抑止力となり、予算の無駄遣いを自粛させられる。加えて、「高いから買わない」という受け身の選択ですませるのではなく、衆知を集めて「安くなる方法」を考え、それを消費者の要求として農水省に提示し、実行させることが必要だ。

そのとき、中洞牧場のエコロジー牛乳に代表される、牛にも環境にもやさしい《楽農牛乳》は、手頃な価格で購入できる身近な食品になる。否、牛乳に限らず、有機農産物や同加工食品を《当たり前の食べ物》に変身させられる。楽観的すぎるかもしれないが、筆者はそう確信する。井戸端で愚痴るだけの消費者に甘んじていては、現状を変えることはできない。

読者への筆者の提案は、生産者に対する「直接支払（所得補償）制度」の導入を農水省に要求することである。二〇〇二年四月に発表した「『食』と『農』の再生プラン」において、農水省は「消費者に軸足を移した農林水産行政を進める」ことを公約した。武部農水大臣も当時、そのことを公の場で再三強調していた。いまこそ、消費者の要求として、直接支払制度の導入を主張すべき好機である。

しかし、二〇〇三年七月現在、農水省は有機農業はじめ環境保全型農業に対する直接支払制度の導入に消極的だ。担当部局では海外情報の収集・分析を行っているようだが、市民など外部からの問合せに対しては「現時点において、国民の理解が得られるかどうか疑問」と応答している。

農水省の応答の論拠は不明だが、筆者が東京都民約四〇〇世帯（回収率約五〇％）を対象に行ったアンケート調査では、「①国民の半数が合意する多数決ルールに従えば約二三〇〇億円、②国民の圧倒的多数（八〇％）が合意するという厳しい条件を課した場合には約四七〇億円。いずれにしても、農業関係の予算配分を見直して、数百億円から数千億円規模の予算を有機農業支援に充てたとしても、国民（納税者）は農水省の行政姿勢を支持する（国民的合意が得られる）だろう」という結果を得ている（拙稿「消費者の有機農業評価――生存分析（Kaplan-Meier 法）による試論的考察」『農業総合研究』第五四巻第二号、二〇〇〇年四月。http://www.primaff.affrc.go.jp/cgi-bin/db.cgi?mode=view&no=3207に掲載）。

これはあくまでも「試論的考察」であり、断定するにはサンプル数が不足しているが、アンケート調査では「有機農業を育成・支援するための『有機目的税』の支払に応じるか」「応じるとすれば、世帯あたり、年間いくら支払うか」を設問し、①半数が合意する金額は五〇〇〇円（年間・世帯あたり）、②圧倒的多数（八〇％）が合意する金額は一〇〇〇円という結果を得た。先に示した農業関係予算規模は、世帯あたり合意額に調査時点の世帯数（四六七五万七〇〇〇世帯、一九九八年）を乗じたものである。

試論の含意として重要な事柄は、《「たとえ一〇〇〇円の少額ではあれ、国民の八〇％は有機農業の育成と支援のために『有機目的税』を支払ってもよいと回答している」⇩「自分の財布が痛まない農業関係予算配分の変更には、もっと多くの国民が賛成する」⇩「一九九八年時点において国民は有機農業の育成・支援のための直接支払制度の導入に『ゴー・サイン』を出している」》ことだ。

安全・安心のコスト

国民の理解は「すでに得られている」と見るべきだ。だが、前述のように、農水省は動かない。農水省の目下の関心は、偽装表示事件の多発によって《地に落ちた表示の信頼性》を取り戻すための「トレーサビリティー・システム」の導入に向けられている。たとえば、二〇〇三年二月、農水省は「牛の個体識別のための情報の管理及び伝達に関する特別措置法案」を国会に提出。同法案は六月に成立したため、小売店で購入する牛肉が「いつ、どこで育てられ、どんな経路で店頭に並んだか」を追跡・確認する制度が二〇〇四年度から導入されることになる。また、農水省は牛肉以外の鶏肉、豚肉、養殖水産物、米、野菜、果樹などについても、それぞれの商品特性に応じたトレーサビリティー・システムのあり方を検討している。

表示の信頼性を高めるためのシステムは必要である。大量生産・大量消費を前提にした市場において、消費者は表示を唯一の頼りにして商品選択を行わざるを得ない。そうである以上、頼るべき表示に嘘・ごまかし・誇張・隠し事など、不正があってはならない。それらを根絶するためには、単に生産履歴が追跡できるだけでなく、個々の履歴情報に誤りがないかどうかを第三者がチェックする仕組み、すなわち検査認証制度の導入も視野に入れた検討が必要だ。また、「消費者に軸足を移す」という農政公約に嘘がないなら、消費者の要望の強い遺伝子組み換え食品（大豆油、コーン油、菜種油、綿実油、醤油など「表示不要」食品）も再度、検討対象に含めるべきである。

ちなみに、有機農産物および同加工食品については、二〇〇一年四月から「有機食品の検査認証制度」が本格的に稼働し、農林水産大臣の認可を受けた登録認定機関（第三者機関）の審査に合格したことを証明する「有機ＪＡＳマーク」を貼付しなければ、ＪＡＳ法（「農林物資の規格化及び品質表示の適正化に関する法律」）によって処罰されることになっている。①マークの不正使用に対しては「一年以下の懲役又は一〇〇万円以下の罰金」、②マークを貼付せず、たとえば「有機トマト」と表示して販売し、大臣の改善命令に従わなければ「五〇万円以下の罰金」が科せられる。

言うまでもなく、システム構築には有形・無形のコストがかかる。かつてイザヤ・ベンダサン氏（山本七平氏のペンネーム）が指摘したように、安全はタダでは得られない。

申請書類の作成、検査料、審査料などを要する検査認証制度は高コストの最たるシステムだが、「神ならぬ人間」が介在する以上、検査認証制度といえども腐蝕と無縁ではあり得ない。それを補完する方法は、第２章で述べた「内部告発者保護法」の制定と「抜き打ち・立ち入り検査」の実施である。

心寂しいかぎりだが、巨大になりすぎた現代の市場システム（生産者と消費者の顔の見えない関係）において、消費者の「知る権利」「選択する権利」を万全に担保するためには、孟子（性善説）には申し訳ないが、性悪説（荀子）に立った法と制度による秩序維持が必要になる。当然、管理コストも加速的に増大する。

韓国農政に学べ

二〇〇二年は、食品の偽装表示事件が多発した特異年だった。国民の厳しい批判に後押しされて、農水省は六月にJAS法を改正。品質表示基準に違反した場合の罰則を、それぞれ「自然人『五〇万円以下の罰金』⇩一年以下の懲役又は一〇〇万円以下の罰金』、法人『五〇万円以下の罰金』⇩一億円以下の罰金』」と重くした。

だが、ここにあるのは不正表示を取り締まる公正取引委員会的発想だ。不正表示は厳格に取り締まらなければならない。しかし、それと同時に、農水省には「国民が支持する業態・農法・新しい試み」を育成・支援する義務と責任が課せられていることを忘れてはなるまい。不正表示の取り締まり（ムチ）と、望ましい生産者の育成・支援（アメ）とは、一対でなければならない。ムチを振り回すだけなら、農水省はいらない。

どれが「農業政策として育成・支援に値する業態・農法・新しい試み」かについては、大いに議論すべきだろう。しかし、BSE問題やVRE問題など食の腐食・生命の腐蝕とは無縁の自然放牧酪農、農薬汚染や第4章で詳述する硝酸態窒素（化学肥料）汚染の心配のない有機農業、その他「手ごろな価格で提供されれば購入したい」と多くの消費者が回答する、安全・安心ニーズに合致した食べ物を自らのリスク負担によって生産してきた経営を農水省が支援したとしても、異論が出ることはあるまい。

仮に出るとすれば、アウトサイダーの出現を快く思わない守旧派組織に属す人びとからだろう。そのときは、「消費者に軸足を移す」とした農政公約を遵守して、アンケート調査などにより消費者の意見を集約し、それに基づいて対処すればよい。

ところで、お隣の国・韓国ではすでに、一九九九年度から親環境農業に対する直接支払制度、二〇〇一年度から水田農業に対する直接支払制度を実施している。

金泳三《キムヨンサム》・元大統領のもとで、①韓国農政史上初の「学者」農林部長官に任命された許信行《ホシンヘン》氏（一九九三年二月～一二月、韓国農村経済研究院・院長）が韓国農政に持続農業の視点をはじめて導入し、②「学者」秘書官として大統領府の初代農水産主席を務めた崔洋夫《チェヤンブ》氏（九三年一二月～九八年二月、韓国農村経済研究院・副院長）が環境農業育成法など制度的基盤づくりを行い、そして、金大中《キムデジュン》・前大統領のもとで③史上二人目の「学者」農林部長官となった金成勳《キムソンフン》氏（九八年三月～二〇〇〇年八月、中央大学校・副総長）が親環境農業に対する直接支払制度を創設。その農政改革理念は、同政権の後任農林部長官および〇三年二月に誕生した盧武鉉《ノムヒョン》新政権の金泳鎮《キムヨンジン》・農林部長官に継承され、今日に至っている（カッコ内は在任期間および就任前の前職。許氏は持続農業、崔氏は環境農業と呼んだが、現在は金氏が名付けた「親環境農業」の呼称で統一されている）。

親環境農業とは、環境への配慮を強調する韓国独自の表現であり、日本でいう有機栽培と特別栽培（減農薬栽培、無農薬栽培など）の双方が含まれる。有機・転換期有機・無農薬・低農薬農産物として販売するには、認証機関の審査に合格したことを示す認証マークを貼付しなければならない。違反した場合には「三年以下の懲役又は三〇〇〇万ウォン以下の罰金」(一ウォンは約〇・一円)が科せられる。

罰則(ムチ)は日本の有機JASマーク不正使用より格段に厳しい。その反面、補償措置(アメ＝親環境農業直接支払制度)が周到に準備され、有機・転換期有機・無農薬農産物認証を受けた農家には、一haあたり五二万四〇〇〇ウォンが支給されている(下限〇・一ha、上限五ha。二〇〇一年度までは環境規制地域において親環境農業を実践する農家が対象だったが、〇二年度からは地域指定をやめて、有機・転換期有機・無農薬農産物認証を受けた全国の農家を優先対象とし、事業量に余裕がある場合は、環境規制地域内で低農薬農産物認証を受けた農家を対象にすることに変更された。〇二年度の受給農家数は七一一六戸(五七三一ha)である)。

この制度を導入した金成勳氏は「学者」長官らしく、その理由を以下のように説明している。

「WTO体制は強者(大規模)が弱者(小規模)を駆逐する体制であり、そこでは価格競争力のみがモノをいう。量的価値観に基づく旧来型の農政を続けるかぎり、韓国農業に勝ち目はない。しかし、非価格競争力、すなわち、親環境農業が有する安全・健康などの質的競争力を高めること(差別化戦略)により、韓国農業は国民に支持される農業に成り得る」

「農政のパラダイム転換のキーワードは『親環境農業』と『家族農業』であるべきだ。消費者・国民が支持してくれる安全・安心・健康・環境への優しさを担保する、親環境農業を政策的に推進することだ。この親環境農業をやりきる主体は、『家族農』以外にはない」

「不利を有利に変える逆転の発想が必要だ。『小規模＋家族農』という韓国農業の宿命的特質は、諸外国との比較において不利な条件だと考えられてきた。しかし、資源循環、多品目少量生産など、自然との共生を図るきめ細やかな親環境農業を実践するうえでは、むしろ有利な条件になり得る。新千年紀の韓国農政は『家族農の育成支援』を中軸に据え、『規模化・企業化』路線から訣別しなければならない」

「直接支払制度を導入するためには、国民の理解が必要だ。そこで私は①ソウル市をはじめ一五〇〇万首都圏住民の生命線である上水源（パルタン・デチョン・漢江水系特別地域）を農薬・化学肥料等の汚染から守ることの必要性、②生産農民が営農行為を親環境的に行うことによって生じる各種環境効果は、大部分が国家と社会、非農民に帰属し、享受されること、③生産（市場）にリンクしない生産者への直接支払（直接所得補償）はWTO協定で容認された『緑』の政策（貿易や生産に対する影響が最小限と認められる政策）であることなどを消費者・国民はじめ行政・経済団体に根気強く説明し、了解してもらった」

言い換えれば、「農民は、高品質で安全な農産物など消費者ニーズにあった親環境農業に転換する。消費者は、安全性に優れた国産農産物の消費（愛農運動）を通じて、農業・農村に対する認識を深め、国内生産者を支援する。そして政府は、農民支援と消費者啓発に必要な諸施策を実行する。このような『農民・消費者・政府が三位一体になった協力体制』が確立したら、厳しいWTO体制の下でも韓国農業は生き残ることができる」と捉え、金成勳氏は親環境農業直接支払制度の導入を決断したのである（詳しくは、拙稿「親環境農業路線に向かう韓国農政」（『農林水産政策研究』第二号、二〇〇二年三月、http://www.primaff.affrc.go.jp/cgi-bin/db.cgi?mode=view&no=3299、「韓国農政の基調変容と三人の農業経済学者」（『農林水産政策研究所レビュー』第四号、二〇〇二年七月、http://www.primaff.affrc.go.jp/cgi-bin/db.cgi?mode=view&no=3301に掲載）。

我田引水のように聞こえるかもしれないが、金成勳氏の農政理念は第1章で紹介した日本の有機農業運動の理念そのものだ。それは後任の韓甲洙《ハンカプス》・農林部長官（二〇〇〇年八月〜二〇〇一年九月）に受け継がれて〇一年度の水田農業直接支払制度の導入につながり、さらに金東泰《キムドンテ》・農林部長官（〇一年九月〜〇三年二月）によって二つの直接支払制度の強化が図られた。

大統領制をとる韓国では、政権交代により農政自体も大きく変わるため、金泳三、金大中政権と続いた農政改革路線が盧武鉉・新政権においても継承されるかどうか懸念した。しかし、金泳鎮・農林部長官は親環境農業のさらなる振興と直接支払制度の拡充を表明しており、どうやら筆者の懸念は杞憂にすぎなかったようである（この点について、詳しくは、拙稿「親環境農業を目指す韓国農政の新機軸——直接支払制度を戦略的に活用」『農業』二〇〇三年四月号、参照）。

エコロジー牛乳を万人のものにする方法

このように、韓国では、「学者」長官や「学者」主席が唱導した農政のパラダイム転換が進んでいる。残念ながら、日本では彼らに比肩しうる人材はまだ出てこない。

とすれば、未生の人材に代わり、われわれ消費者・国民が「支持に値する業態・農法・新しい試み」を対象にした直接支払制度の導入を農水省に要求（提案や陳情ではなく、主権者として要求）し、実現させざるを得ない。加えて、税金の使途を厳しく監視して無駄遣いをやめさせ、農業関係予算配分を見直させなければならない。国民的視点に立って無駄な事業をやめさせれば、直接支払制度の導入に必要な予算など容易に捻出できる。

また、韓国農政にならい、①検査認証制度など表示の信頼性を高めるためのシステム構築と、②関係生産者に対する直接支払制度など政策的支援システムの導入とは《ワンセット》であるべきことを、農水省に認識させなければならない。経済理論的には、「信頼性」も農薬・化学肥料の削減による環境負荷軽減と同様、消費者の安全・安心ニーズの充足に資する「公益的要素」と位置づけられる。必ずしも容易ではないが、衆知を結集すれば、WTO協定で容認された「緑」の政策になり得る日本独自の新制度が考案できるはずだ。否、早急に考案し、実現させなければならない。

この問題については、第5章でも再度検討する。とりあえず本章では、農水省に①受給資格の有無を確認する制度として「支持に値する業態・農法・新しい試み」に対する検査認証制度を位置づけさせ、②確認できた生産者に対して選別的に直接支払（直接所得補償）を行う制度を導入させることが、先に疑問符を付けた「空論」（一三六ページ）を「実論」にする方法であり、エコロジー牛乳はじめ有機農産物など安全・安心ニーズに合致した食べ物を万人のものにする早道であると結論しておきたい。

第4章 野菜の硝酸汚染

1　門外漢の素朴な疑問

化学にはまったくの門外漢ながら、河川水および地下水の硝酸汚染実態に関する国内の資料を収集し始めて、二〇〇三年で九年目になる。「一部地域において、化学肥料の過剰な施用、農薬の不適切な使用、不適切な家畜糞尿処理が水質汚濁など環境に悪影響を及ぼす場合も生じている」が、現時点では「欧米にみられる（ような）環境問題が深刻化するなどの状況にはない」と『農業白書』などに書く、農水省のステレオタイプの状況認識の妥当性を資料により検証してみようと考えたのが、主たる動機だった。状況認識と政策（汚染対策）との間には強い正の相関があるからだ。

だが、資料集めの過程で、筆者は次のような疑問をもつようになった。

①　水道法第四条に基づいて定められた旧・厚生省「水質基準に関する省令」では、「硝酸性窒素及び亜硝酸性窒素は一〇mg／ℓ以下であること」と規定されている（硝酸性窒素と亜硝酸性窒素の合計値で一〇mg／ℓ以下の意味。一九九八年六月に亜硝酸性窒素の単独上限値が暫定的に〇・〇五mg／ℓに定められた）。硝酸イオンに換算すれば約四四ｐｐｍだ。ところが、われわれが毎日口にする野菜にはケタ違いに多量の硝酸イオンが含まれている。果たして健康に害はないのか？

②　野菜に含まれる硝酸イオン量について、日本では水道水の水質基準のような上限値は設けられ

ているのか？

③　どの程度が許容範囲であり、また化学肥料に依存する慣行栽培と、化学合成物質を使用しない有機栽培とでは、野菜に含まれる硝酸イオン量に違いがあるのか？

この章で紹介するのは、現時点までに筆者が収集した資料から得た知見の概略である。飲み水や食べ物に含まれる硝酸の安全性に関心のある人びとへの情報提供になれば幸いである。

知見の紹介に進む前に、硝酸について若干、解説しておきたい。

言うまでもなく、安全性や許容値を論じる際には「物質の特定」と「単位の統一」が必要だ。筆者が資料を渉猟する過程で出くわした物質名は「硝酸塩、硝酸態窒素、硝酸性窒素、硝酸イオン、硝酸根」、単位は「mg／ℓ（またはkg）、ppm、乾燥重、生鮮重」だった。化学の専門家なら、瞬時に理解できる事柄だろう。しかし、門外漢の筆者には、たとえば冒頭に示した「硝酸性窒素一〇mg／ℓ」が「硝酸イオン約四四ppm」と同値であることが理解できるまでに、時間がかかった。

だが、換算方法を知ったことがかえって仇《あだ》になる場合もあった。「国際的な硝酸態窒素の基準値は三〇〇〇ppm」「（日本で出回っている菜っ葉類の）約八割が基準値を超えている」（相馬暁「こんな野菜はガンになる」『現代』一九九六年六月号）と書く専門家の解説を鵜呑みにした筆者は、硝酸態窒素を硝酸イオンに換算した約一万三〇〇〇ppmを、野菜に許容される硝酸イオンの上限値だと思い込んでしまった。記述を信じたのは、相馬氏が北海道立上川農業試験場長（当時）を務める、その道の専門家だったからだ。

表１　硝酸塩に関する基礎知識

日本語表記		英語表記	記号・分子式による表記	分子量 原子量	換算表			
					NO_3^-N	NO_3^-	$NaNO_3$	KNO_3
硝酸態窒素 硝酸性窒素		nitrate nitrogen	NO_3^-N, NO_3-N, NO3－N	14	1	0.23	0.16	0.14
硝酸イオン 硝酸根		nitrate ion nitrate radical	NO_3^-, NO_3, NO3	62	4.43	1	0.73	0.61
硝酸塩	硝酸ナトリウム	sodium-nitrate	$NaNO_3$	85	6.07	1.37	1	0.84
	硝酸カリウム	potassium-nitrate	KNO_3	101	7.21	1.63	1.19	1

だが、後述するように、FAO／WHO合同食品添加物専門家会議（JECFA）が一九九五年に策定した「FAO／WHO食品添加物安全性評価表」に示されたのは、硝酸ナトリウムで表した硝酸塩のADI（一日摂取許容量）である。しかも、「野菜に対して上限値を設けることは適当ではない」とされていた。さらに、硝酸態窒素は硝酸イオンの誤りであった（巻末の【参考資料⑤】二七〇～二七二ページ、橋本龍太郎・内閣総理大臣『答弁書』参照。FAOは国連食糧農業機関、WHOは世界保健機関）。

野菜（とくに葉茎菜類）に含まれる多量の硝酸（硝酸態窒素、硝酸イオン、硝酸塩などを総称して、本書では「硝酸」と言うことにする）への危惧を指摘することに、筆者は大賛成だ。本稿の目的もそこにある。だが、二流週刊誌やテレビのワイドショー並みのセンセーショナリズムには大反対だ。せっかくの問題提起がデータ提示の杜撰さによって《きわもの》視され、信頼されなくなるからである。

表1は、水や食べ物の硝酸汚染に関する資料を読むための基礎知識として、換算率を整理したものだ。土壌・作物分析の専門家、村本穣司氏（カリフォルニア大学サンタクルーズ校持続的食糧システム研究センター客員研究員）にイロハの「イ」の字から教えていただいたが、七年以上も前

のことであり、思わぬ誤解をしているかもしれない。万一ミスがあれば、ご一報いただきたい。以下、表1の読み方を解説する。

①　硝酸態窒素と硝酸性窒素は同じものだ。通常、土壌や作物に含まれる場合は硝酸態窒素（単位はmg／kg）、水に含まれる場合は硝酸性窒素（単位はmg／ℓ）が使用される。硝酸態窒素とは「硝酸イオン（NO_3^-）に含まれる窒素（N）」のこと。このほかに亜硝酸態（NO_2^-）窒素、アンモニア態（NH_4^+）窒素がある。原子量は一四。

ちなみに、これら三様の窒素の存在形態については通常、次のように解説されている。

「肥料（硫安・尿素等）や有機物として与えられたアンモニア態窒素が亜硝酸態窒素へと変化し、さらにそれが硝酸態窒素へと変化することを硝化作用という。……この作用は土壌中のアンモニア酸化菌と亜硝酸酸化菌という微生物によって行われる。この硝化作用は植物への窒素の吸収と深く関係し、土壌に与えられた窒素肥料の植物による利用効率に大きく影響を及ぼす。また、植物に吸収されない硝酸態窒素はわずかな降雨によっても根圏から流亡し、地下水や河川の汚染を引き起こす。さらにこの作用の中間体である亜硝酸態窒素からは、地球温暖化ガスの一種である亜酸化窒素ガス（N_2O）が発生する」（石川隆之（http://ss.jircas.affrc.go.jp/kanko/JIRCAS_news/1998-15/7.htm）より引用）。

②　硝酸イオンは硝酸根とも呼ばれ、「NO_3^-」と表記される。分子量は六二。

③　ppmとmg／kg（mg／ℓ）は、表現方法が異なるだけで同値。⇩ppmは「parts per million」

の略で百万分率のこと。また、一gは一〇〇〇mg、一kgは一〇〇〇gだから、mg／kgも百万分率を表す。

④「野菜から三〇〇〇ppmを超える硝酸塩が検出された」という表現がよく使われる。だが、この表現は不正確。硝酸塩には表1に例示したナトリウム塩やカリウム塩のほかにも多数の塩《えん》があるため、塩を特定しなければ、検出値を示しただけでは意味がない。検出量は通常、硝酸態窒素量または硝酸イオン量で示される。

⑤硝酸態窒素一ppmは、硝酸イオンで表せば約四・四ppm（表1の陰を付けた部分参照。硝酸イオンの分子量六二を窒素の原子量一四で割る）。逆に、硝酸イオン一ppmを硝酸態窒素で表せば約〇・二三ppm（先とは逆に、一四を六二で割る）。

最少限の知識として以上の事柄を理解すれば、少なくとも野菜の硝酸汚染に関するかぎり、資料によって異なる多様な用語に出くわしても、とまどいはなくなる。ちなみに、英語の文献では「nitrate-nitrogen（NO_3^-−N）」と「nitrate（NO_3^-）」とは正確に使い分けられており、われわれ門外漢が読んでも両者を混同することはない。それは、欧米諸国がこの問題に早くから真剣に取り組んできたことの証左でもある。

2　メトヘモグロビン血症と乳幼児突然死症候群

一　乳児に多いメトヘモグロビン血症と硝酸汚染

『食品衛生事典』（河端俊治・林敏夫ほか共編、中央法規出版、一九八四年）によれば、①野菜などに硝酸塩が存在していることが明らかにされたのは一九〇七年、②四三年には硝酸の還元物質である亜硝酸による「メトヘモグロビン血症」誘発の可能性が指摘され、③五九年から六五年までの間に欧米諸国でホウレン草を原因とする乳児の中毒事件が多発したことから、野菜に含まれる硝酸の量が注目されるようになったという。

メトヘモグロビン血症（Methemoglobinemia）とは、血液中の赤血球に含まれるヘモグロビン（血色素）が酸素運搬能力のないメトヘモグロビンに変化して酸欠状態（チアノーゼ＝皮膚や粘膜が暗青色または暗藍色）になり、表2に示したように頻脈、呼吸困難、マヒなどを引き起こし、重い場合には死亡する病態を指す。硝酸（NO_3^-）にはヘモグロビンをメトヘモグロビンに変える（酸化する）能力はないが、胃の中で硝酸還元菌によって還元（酸素を奪う）された亜硝酸（NO_2^-）は酸化能力を獲得し、これがメトヘモグロビン血症を引き起こす。

表2　メトヘモグロビン血症の臨床症状

メトヘモグロビン濃度(%)	症状 資料1	症状 資料2	治療 資料1
10-15	チアノーゼのみ	貧血・チアノーゼ(酸欠状態)	酸素投与
15-30	疲労、脱力、頭痛、めまい、頻脈、多呼吸	同左	アスコルビン酸(経口) 300-500mg/日 メチレンブルー(経口) 3-5mg/kg メチレンブルー(静脈注射) 1-2mg/kg
30-50		意識低下、気力低下、慢性貧血	メチレンブルー(経口・静脈注射) 合計7mg/kgを超えない
50-70	呼吸困難、徐脈、不整脈、マヒ、けいれん、昏睡	昏睡・呼吸困難、不整脈、マヒ	メチレンブルー(静脈注射) 1-2mg/kg 交換輸血
70以上	死亡	心不全、死亡	

(資料1)http://www2.eisai.co.jp/essential/n/qa/qa605.html
(資料2)http://www.alpha-net.ne.jp/users2/takt/syousan.html
(注)メトヘモグロビン濃度は全ヘモグロビンに占めるメトヘモグロビンの割合。

成人の場合は、狭心症患者がニトログリセリンなどの硝酸薬を過剰服用したような特別な場合を除き、食べ物や飲料水に含まれる硝酸によってメトヘモグロビン血症になることはない、とされている。だが、乳児(とくに生後四カ月未満の乳児)はメトヘモグロビン血症(白人の場合、皮膚全体が青みがかって見えるため「ブルー・ベビー」と欧米で命名されている)を発症しやすい。その理由について、識者たちは次のように説明している。専門外なので誤解があるかもしれないが、収集した資料に基づいて筆者が理解した事柄を紹介する。

①　硝酸還元菌は酸性条件下では活動が抑制されるので、胃液の酸度がpH二～三である成人の胃の中では硝酸から亜硝酸への還元はほとんど起こらな

い。しかし、乳児の胃液はpH五〜七のため、硝酸還元菌が活動しやすい。

② 健康な成人の赤血球中にはメトヘモグロビンを正常なヘモグロビンに戻す還元酵素があり、この酵素がメトヘモグロビン濃度を一%以下に保つよう機能している。だが、生後二〜三カ月児の赤血球には成人の五〇%程度しか還元酵素がない（還元酵素が成人の水準に達するのは生後六カ月ごろ）。

③ 乳児の単位体重あたりの水分摂取量は成人の約三倍であるため、飲料水に含まれる硝酸の影響を受けやすい。また、粉ミルクを溶く飲料水は通常、煮沸されるが、硝酸は揮発性がないため、煮沸によってかえって濃縮され、メトヘモグロビン血症を引き起こすリスクを増すことになる（硝酸含有量の多い飲料水は使用してはならない）。

（以上、http://www.nmt.or.jp/maeda/syousan1.html, http://www.alpha-net.ne.jp/users2/takt/syousan.html, http://www2.eisai.co.jp/essential/n/qa/qa605.html, Lukens, J. N., "The Legacy of well-water methemoglobinemia", *Journal of the American Medical Association*, No.257, 2793-2795, 1987より要約して引用）

表3は、硝酸汚染による乳児死亡の詳細を見るために、熊澤喜久雄氏（東京大学名誉教授）および前田芳聰氏（環境省登録・環境カウンセラー、二〇〇三年四月一日現在三〇九七名）の論文から関連する数字を拾い出したものである。前掲の『食品衛生事典』には「ホウレン草を原因とする中毒事件が多発した」との指摘があり、また、海外の文献の中にも類似の指摘が多数あったが、現在のところ得られた

による乳児の死亡

(出典)(1)〜(7)＝熊澤喜久雄「環境中での硝酸の動態」(日本学術会議土壌・肥料・植物栄養学研究連絡委員会主催、公開シンポジウム「土と水と食品の中の硝酸(NO3)をめぐる諸問題」講演資料、1998年6月5日)。

(8)〜(10)＝前田芳聰「硝酸性窒素について」(http://www.nmt.or.jp/maeda/syousan1.html)

(1)Fletcher, D. A., "A National Perspective", Follett, R. F., et al. eds., *Managing Nitrogen for Groundwater Quality and Farm Profitability*, Soil Science Society of America, 1991.

(2)越野正義「硝酸塩の植物体内での集積」早瀬達郎ほか編『肥料と環境保全』ソフトサイエンス社、1976年。

(3)National Research Council, *Accumulation of Nitrate*, National Academy Press, 1972.

(4)Burt, T. P., A. L. Heathwaite & Trudgill, S. T. eds., *Nitrate: Processes, Patterns and Management*, John Wiley & Sons, 1993.

(5)Fruhling, L., "Nitrates blemed for baby death in South Dakota", *Des Moines Register*, July 29, 1986.

(6)Addiscott, T. M., "Fertilizers and Nitrate Leaching", R. E. Hester & R. M. Harrison eds., *Agricultural Chemicals and the Environment*, The Royal Society of Chemistry, 1996.

(7)『ハンギョレ新聞』1993年6月19日。

(8)Coomley, H. H., "Cyanosis in infants caused by nitrates in well water", *Journal of the American Medical Association*, No. 129, 1945.

(9)中村磐男「水道水と流産・先天異常――硝酸塩と乳児とメトヘモグロビン血症」『周産期医学』第29巻第4号、1999年。

(10)田中淳子・堀米仁志ほか「井戸水が原因で高度のメトヘモグロビン血症を呈した1新生児例」『小児科臨床』第49巻第7号、1996年7月。

数値は「発生件数一五、うち死亡一名」だった。表3に示さなかったが、このほかに、生後二カ月の乳児に与えた人参ジュースによって重いメトヘモグロビン血症を引き起こした一例（一九七三年、アメリカ）がある。

さらに検索を続ければ、これら以外にも野菜に起因する中毒事件が見つかると思うが、圧倒的多数は硝酸性窒素が二五mg／ℓ（硝酸イオン一一一mg／ℓ）以上含まれた地下水を沸かした湯で溶いた粉ミルクや粉末離乳食を与えたことが原因だった。ＷＨＯはこ

表3　硝酸汚染

年	国・地域	原　因	発生件数	死亡（人）	備　考
1945 (1)(8)	アメリカ・アイオワ州	井戸水の硝酸塩	1	1	世界で最初の報告とされている
1945-50 (2)	アメリカ	井戸水の硝酸塩	278	39	NAS報告(1972)引用
1948-64 (3)	ヨーロッパ	井戸水の硝酸塩	1000	80	
		ホウレン草の硝酸塩・亜硝酸塩	15	1	
1945-85 (4)(9)	全世界	硝酸性窒素25mg/ℓ以上の水	2000	160	WHO報告引用。実際はこの10倍の発生と中村(9)推計
1986 (5)	アメリカ・サウスダコタ州	井戸水の硝酸塩	1	1	硝酸性窒素濃度は許容濃度の3.4倍
1976-82 (6)	ハンガリー	記述なし	1300	n.a.	
1993 (7)	韓国	硝酸塩275mg/ℓ（硝酸性窒素62.15mg/ℓ）の地下水	1	0	韓国初の発生
1996 (10)	日本	硝酸性窒素36.2mg/ℓの井戸水	1	0	生後21日の乳児が重度の酸欠状態に陥った

のような事実に基づき、飲料水に許容される硝酸イオンの上限値として五〇mg／ℓ（硝酸性窒素に換算して約一一・三mg／ℓ）を設定した。日本の水道水質基準は、本章の冒頭に示したように「硝酸性窒素及び亜硝酸性窒素一〇mg／ℓ以下」（亜硝酸性窒素の単独上限値は暫定的に〇・〇五mg／ℓ）となっている。

表4は、環境省が集約した全国の地下水（井戸）の硝酸汚染調査の概況である。一九九四年度を除き、調査した地下水の五～六%が基準値をオーバーしている。汚染状況につ

表4　地下水（井戸）の硝酸汚染の状況

調査年度	調査数（本）	超過数（本）	超過率（%）
1994	1,685	47	2.8
1995	1,945	98	5.0
1996	1,918	94	4.9
1997	2,654	173	6.5
1998	3,897	244	6.3
1999	3,374	173	5.1
2000	4,167	253	6.1

（資料）環境省「平成12年度地下水質測定結果」（http://www.env.go.jp/water/chikasui/chikasui_h12/）

いては地域差が大きく、I県が九二年度に独自に行った調査では、S町の場合、三〇井戸のうち一七井戸が基準値を大幅に超過し、最高値は八四・二mg／ℓにも達していた（熊澤「環境中での硝酸の動態」所収の資料。同資料には県の実名が示されているが、独自調査を行った「正直者がバカを見る」ことがないよう、イニシャルにした。以下、同様）。また、G県の二〇〇一年度「地下水質概況調査結果」によれば、S村およびS町から四〇mg／ℓを超える硝酸性窒素が検出された。

ユニークなところでは、公明党T県本部の環境問題対策委員会が独自調査に基づいて、二〇〇一年二月にまとめた『井戸水（地下水）の水質調査リポート』がある。その内容を報じた『公明新聞』（〇一年二月二六日）によれば、T県下全域の一九五〇地点で井戸水を検査した結果、「全体の約一割に当たる一八八カ所で国の基準値を超える濃度を示し、そのうち五六カ所で基準の二倍、一八カ所では五倍の濃度」が検出され、「一八八カ所のうち七〇・四%が飲料水として使用されていた」という。

表3に示されるように、一九四五年から八五年までの四〇年間に世界中で二〇〇〇人の乳児が硝酸に汚染された飲料水によってメトヘモグロビン血症に陥り、一六〇人が死亡している。その「下限濃度」は、日本の水道水質基準の二・五倍の二五mg／ℓ（硝酸性窒素）だった。地下水の硝酸濃度と農業

形態との間に「畜産≧茶畑＞施設園芸＞普通畑＞果樹＞水田」の関係、河川水に関しては「上流域＞下流域」の関係があることがさまざまの調査研究によって確認されているが、すでに見たように、いくつかの地域の地下水は「下限濃度」を大きく超えている。この事実は、日本も欧米と同様、ブルー・ベビーがいつ多発しても不思議ではない状況にあることを意味する。

これまで、日本ではブルー・ベビーの「報告例はない」とされてきた。二〇〇〇年一二月一四日の答申（「水質汚濁防止法に基づく排出水の排出、地下浸透水の浸透等の規制に係る項目追加等について」）においてさえ、なお、中央環境審議会水質部会は「硝酸・亜硝酸性窒素による地下水等の汚染に起因する乳幼児のメトヘモグロビン血症は、欧米において死亡例も含め多数報告されているが、わが国における報告例はない」と断定している。環境省のみならず、農水省も厚生労働省も、そして審議会などの委員や研究者も、メトヘモグロビン血症に言及するときはこの通説に従ってきた。だが、表3に示したように、実際には一九九六年に一例が報告されているのである。

また、後述するように、牛の場合は全国で毎年八〇頭以上（一九九〇年代平均）が急性硝酸中毒で死亡しているため、獣医師は「ポックリ病」と俗称される牛のメトヘモグロビン血症に関する知識を有している。だが、小児科医のそれには疑問符が付く。かつて、腸管出血性大腸菌O―157による初期症状を「風邪と誤診して『とりあえず抗生物質を』と考えた医師が少なくなかった」（『朝日新聞』名古屋版九七年七月二二日）ように、メトヘモグロビン血症がとりあえず他の病名で処置された可能性が「ない」と言えるだろうか。

二　乳幼児突然死症候群とメトヘモグロビン血症の関連性

日本では「乳幼児突然死症候群」(SIDS)と診断される乳幼児の突然死が毎年四〇〇～五〇〇件程度発生している(二〇〇〇年の発生数は三六三件)。一九九八年六月に公表された『乳幼児突然死症候群(SIDS)対策に関する検討会報告』(http://www1.mhlw.go.jp/houdou/1006/h0601-2.html)によれば、その発生リスクは「『うつ伏せ寝』の場合は『仰向け寝』の約三倍、『人工栄養』は『母乳栄養』の約四・八倍、『父母共に習慣的喫煙あり』は『父母共に習慣的喫煙なし』の約四・七倍」である。

SIDSは「それまでの健康状態及び既往歴からその死亡が予測できず、しかも死亡状況及び剖検《ぼうけん》(死因特定のための死体解剖)によってもその原因が不詳である、乳幼児に突然の死をもたらした症候群」と定義され、発生は一歳未満、とくに六カ月未満の乳幼児に多い(発生のピークは、生後二～三カ月)。最近のデータでは、約三〇〇〇人の出生に対して一人の割合で発生し、新生児期を除く乳幼児の死亡原因の第二位となっている。

ところが、驚いたことに、現在、SIDSの診断基準は統一されていないのだ。二〇〇二年六月一二日に開催された、衆議院厚生労働委員会における水島広子議員(民主党)の質問に対して、厚生労働省雇用均等・児童家庭局の岩田喜美枝局長は「統一化したい。本年度の厚生労働科学研究におきまして研究班を立ち上げたい」と答弁した。そして、新聞報道によれば、九月末に研究班が設置され、「来年（〇四年）春までに新基準をまとめる予定」（『読売新聞』〇三年三月五日）だという。

ＳＩＤＳは予兆なく死亡する不審死だ。医師は医師法第二一条の規定により、異状死体として二四時間以内に所轄警察署に届け出なければならない。

届出を受けた警察は遺体の検視（死体外表の損傷等の有無の検査）を行い、犯罪もしくは関係者の過失が疑われる場合は「司法解剖（鑑定）」の手続きを取る。他方、その疑いがなく、かつ警察から検視の補助を依頼されて死体を検屍した医師（異状死体を届け出た医師、警察医、監察医など）が、①死因を決定できる場合は当該医師が「死体検案書」を発行し、②死因が不明の場合は「行政解剖」（監察医制度がある東京二三区内、大阪市、名古屋市、横浜市、神戸市の場合）または「許諾解剖」（監察医制度のない地域）の手続きが取られる。その際、司法解剖および行政解剖は遺族の承諾は不要だが、許諾解剖は遺族の承諾が必要になるため、上記五都市以外の剖検率は総じて低い（以上、関西医科大学および東京大学法医学教室のホームページに掲載された資料より要約）。

これは異状死体を扱う場合の一般的な手続きだが、医師が死体検案書に「ＳＩＤＳと診断」と書く場合には剖検が義務づけられる。ＳＩＤＳという診断名は「死亡原因に関する外因（事件・事故）・内因（その他の病気）などあらゆる可能性を検討し、それでもなお死因不明の場合に付ける『除外診断名』」（水島議員の発言を要約）だ。本来は「死因不詳」とすべきだが、「一九六九年にアメリカ・シアトルで開催された国際学会でＳＩＤＳ（Sudden Infant Death Syndrome）という診断名に統一することが提案」され、それ以後、この診断名が使われるようになったという（http://homepage3.nifty.com/sids/sids/sids.

html)。

問題は「SIDSの疑い」と書く場合だ。日本には現在、後者(「疑い診断」)について、①「剖検なしでは不可」とする診断基準(旧文部省研究班提言(九九年))と、②「剖検なしでも可」とする診断基準(旧厚生省研究班報告書(九四年度)および日本SIDS学会(二〇〇一年))が併存し、剖検するかどうかは検屍・検案・鑑定する医師の裁量に任されているのが現状だ。たとえば、「診断例のうち八割が解剖されていないとの指摘がある」との記者の質問に対して、旧文部省研究班の代表を務めた東京慈恵会医科大学法医学教室の高津光洋教授は、現場の実態を次のように紹介している。

「遺族が承諾しなかったり、病院が異状死体を警察に届け出しないで担当医師がSIDSと診断していたり、警察が解剖は不必要だと判断する場合もある」(『四国新聞』二〇〇二年六月一六日)

SIDSの「診断」および「疑い診断」が大きな社会問題になったのは、入院中や保育中の乳幼児の急死の原因をめぐり、「SIDSによる病死」と主張する病院・保育所側と、「過失(うつ伏せ寝など)による窒息死」だと主張する遺族側が争う裁判が全国で相次ぎ、係争の過程で、安易に行われるSIDS診断の実態が明らかになってきたからだ。これまでに約五〇件のSIDS裁判が行われている。その典型的な事例は、二〇〇二年二月一九日に香川県香川町の無認可保育所・小鳩幼児園で起きた園児(当時一歳二カ月)の死亡事件だ。

司法解剖を行った香川医科大学のI教授が鑑定書に「SIDSの疑い」と記載したため、「両親が何度足を運んでも、警察は『病死なので、捜査できない』との説明を繰り返し」て取り合わず、警察が態度を変えたのは「メディアが虐待の事実を報道し始め、三月二九日に両親が殺人罪で園長を告訴してから」(『新婦人しんぶん』二〇〇二年六月二〇日)だという。再鑑定の結果、虐待による外因性脳浮腫と判明したために園長は起訴され、〇二年七月一九日の第二回公判で起訴事実を認めた。だが、両親の必死の努力がなければ、この《殺人事件》は司法解剖の杜撰な診断によって《病死》にされ、人口動態統計の「SIDSによる死亡例」の数字が一つ増えるだけだった。〇三年一月、園長に「懲役一〇年の有罪判決が下り、(刑が)確定した」(『読売新聞』〇三年三月五日)。

この問題は、二〇〇二年七月一日の参議院行政監視委員会でも取り上げられた。西山登紀子議員(共産党)の質問に対し、坂口力・厚生労働大臣は現状改善に前向きの答弁を行っているが、なかでも筆者が気になったのは、坂口大臣が紹介した「SIDSによる死亡場所」だった。二〇〇〇年は三六三人が死亡しているが、その内訳は「病院二一八人、診療所一〇人、自宅一二一人、その他一四人」であり、三人に一人が自宅での死亡なのだ。

この数字を知ったとき筆者は、診断が適正に行われたかどうかが気になった。駆けつけた医師によって「疑い診断」がなされ、警察に届けることもなく、剖検なしで荼毘《だび》に付されたケースはなかったか。専門家からは素人の戯言《たわごと》と一蹴されるかもしれないが、筆者は《メトヘモグロビン血症による死亡であったにもかかわらず、「SIDSの疑い」として処理されたケースが皆無だとは断定できないのではないか》と考えている。

「死因不詳」がSIDS本来の意味である。だからこそ、症候群(Syndrome)と呼ばれる。人工栄養

（粉ミルク）を溶く湯に含まれる硝酸濃度とＳＩＤＳとの関連性の有無についても、詳細に医学調査をして欲しいものである。

この点については、千葉県議会が二〇〇一年一二月一八日、内閣総理大臣および厚生労働大臣あてに「硝酸性窒素の危険性を、ＳＩＤＳ（乳幼児突然死症候群）対策に早期に加えるべき事を求める意見書」を提出することを全会一致で決議している（【参考資料③】二六六〜二六七ページ参照）。筆者の知る唯一の事例であり、千葉県議会の姿勢を高く評価したい。厚生労働省および医学界は、乳幼児のメトヘモグロビン血症とＳＩＤＳとの関連性のみならず、日本におけるメトヘモグロビン血症の発症事例の有無についても、もっと真剣に調査・研究すべきである。すぐ後に述べるように、国産の野菜類に含まれる硝酸量はＥＵ（欧州連合）が定める許容上限値を大幅に超過しているからだ。

3　野菜の硝酸汚染

一　野菜に含まれる硝酸値

日本で野菜の硝酸汚染が問題になったのは筆者の知るかぎり、一九七六年六月二四日に東京都公害研究所がショッキングな調査結果を公表したことに始まる。当時の新聞には「発がんに結びつく硝酸塩／市販野菜に高濃度」（『朝日新聞』）、「発ガン物質の原料・硝酸塩が野菜汚染／都公害研が《要注意》警告」（『日本経済新聞』）といったセンセーショナルな見出しが躍っている。

　これは東京都内で市販されている一〇種類の野菜（計五〇検体）に含まれる硝酸イオン濃度を調べたもので、表5に示したように小松菜葉柄部（茎）から七五〇〇ｐｐｍ、セロリ、パセリ、ホウレン草葉柄部、サラダ菜から、それぞれ五〇〇〇ｐｐｍを超える高濃度の硝酸イオンが検出された（いずれも最高値）。そして、これを契機に東京都は毎年、中央卸売市場に入荷する野菜類を春夏秋冬の四回試買し、都立衛生研究所および市場衛生検査所で分析することにした。

表5　野菜中の硝酸塩（1976年）（単位：ppm）

		最高	最低	平均
ホウレン草	（葉）	3,389	1,816	2,335
	（くき）	5,095	3,832	3,593
シュンギク	（葉）	443	230	354
	（くき）	4,762	2,016	2,835
小松菜	（葉）	1,861	731	1,209
	（くき）	7,531	3,810	5,724
サラダ菜	（葉）	5,050	1,152	2,764
パセリ	（葉）	5,095	908	2,259
	（くき）	5,759	2,082	3,504
セロリ	（葉）	6,180	1,949	3,912
	（くき）	5,981	1,285	3,921
キャベツ	（葉）	279	102	186
レッドキャベツ	（葉）	266	159	199
白菜	（葉）	1,905	576	1,218
	（くき）	2,747	1,063	1,843
なす		390	182	275

（資料）『朝日新聞』1976年6月25日。
（引用者注）表題の「硝酸塩」は「硝酸イオン」の誤りだと思われる。

　その検査結果は、毎年度公表される『食品衛生関係事業報告』に掲載されている。一九七九年度から九九年度までの二一年間についてみれば、表6に示したように、硝酸イオン濃度が格段に高いのはチンゲン菜で以下、小松菜、シュンギク、セロリ、ホウレン草、大根、かぶ、レタスと続く（平均値順）。理由は不明だが、検査対象作物の選び方に統一性がなく、ホウレン草は一六

表6　野菜に含まれる硝酸根(硝酸イオン)　(単位：ppm)

		最高値	年度	最低値	年度	「平均値」の平均	検査のべ年数
葉茎菜類	チンゲン菜	16,000	1985	390	1988	4,011	8
	小松菜	9,000	1990	600	1979	3,751	12
	シュンギク	6,070	1982	200	1985	3,053	9
	セロリ	5,800	1983	840	1987	3,028	6
	ホウレン草	6,200	1991	110	1985	2,552	16
	レタス	3,900	1984,91	149	1980	1,194	10
根菜類	大根	9,800	1991	140	1992	1,809	10
	かぶ	4,100	1991	160	1991	1,471	7

(資料)東京都衛生局『食品衛生関係事業報告』(1979年度-1999年度)。
(注)硝酸根(硝酸イオン)濃度に0.23をかけると硝酸態窒素に換算できる。1ppmは1mg/kgと同値だから、チンゲン菜の最高値16000ppmは、1kg食べると16000mg(16g)の硝酸を摂取することを意味する。

回、セロリは六回選ばれている。検査回数の多寡に偏りがあるため、厳密な比較はできないが、この分野の専門家たちは「総じて葉茎菜類・根菜類に多く、果菜類・イモ類では少ない」と指摘している。

表5では、そうした指摘に従って硝酸含有量の多い作物を選んだ。確認のため、『事業報告』をチェックしたが、果菜類のトマト、キュウリ、イモ類のジャガイモなどは、葉茎菜類・根菜類に比べて硝酸の含有量が一ケタ少なかった。

この点について、相馬暁氏が興味ある覚え方を披露しているので紹介しておく(前掲「こんな野菜はガンになる」)。以下はその要約である。

野菜には、「立ち型野菜」「ブラリ野菜」「土つき野菜」がある。チンゲン菜、セロリ、ホウレン草は「立ち型野菜」で、大根、かぶ、ゴボウは「土つき野菜」だ。これらは総じて硝酸含有率が高い。これに対してキュウリ、トマト、ナスのような「ぶら下がった実」の部分を食べる「ブラリ

表7　イギリスの野菜に含まれる硝酸根(硝酸イオン)　(単位：mg/kg(生鮮))

年	月	ホウレン草			レタス(温室栽培)		
		最高値	最低値	平均値	最高値	最低値	平均値
1994	12	2147	1948	2048	4586	1175	2720
1995	1	2985	602	1898	5628	1105	3289
	2	1762	225	986	4752	1692	3054
	3	2230	1002	1340	4236	273	2527
	4	3118	673	1678	3494	623	2090
	5	…	…	…	2089	1077	1596
	6	2896	610	1553	2943	577	2042
	7	4121	937	2470	3466	240	1809
	8	3488	1346	2613	2789	473	1831
	9	3253	620	2152	3377	527	2193
	10	3832	1625	2607	3747	438	2459
	11	2756	2119	2368	4420	1719	3214
	12	3023	2504	2813	…	…	…
1996	4-9	3200	50	1313	3500	965	2237
96.10-97.3		2757	1000	2207	5180	1290	3066
平　均		2969	1090	2003	3872	870	2438

(資料)MAFF, UK., Food Surveillance Information Sheet, No. 91, 1996 and No. 121, 1997.
(注)単位の(mg/kg)はppmと同値。

野菜」は、硝酸含有率が低い。

表7は、日本の野菜に含まれる硝酸が他の国と比較して多いのか、それとも少ないのかを見るために、資料が入手できたイギリスの例を示したものだ。表6と比較すると、ホウレン草では日本のほうが高く、レタスでは逆にイギリスのほうが高い。

同じ野菜であっても、①品種(根から吸収した窒素をアミノ酸やタンパク質に変えるのが遅い品種)、②日照不足(雨天・曇天・日陰)、③異常気象(旱魃《かんばつ》・渇水による水不足、冷害・霜害による植物体組織の損傷)、④銅、鉄、亜鉛、硫黄、マグネシウム、マンガンなど土壌のミネラル不足、⑤生育前期(成熟前)の収穫、⑥密植、⑦病害虫の発生、⑧

除草剤の使用、⑨農業用水に含まれる硝酸が多い、⑩窒素肥料の与えすぎ、そして⑪ハウス栽培によって、それぞれ硝酸含有量が増加することが知られている。軽々に結論めいたことは言えないが、イギリス産レタスが日本産より硝酸含有量が多いのは、イギリスではレタスの過半がハウス栽培されているためだと思われる（Davis, G. V. et al. Nitrate Poisoning in Cattle, Univ. of Arkansas（http://www.uaex.edu/Other_Areas/publications/PDF/FSA-3024.pdf））。

二　発ガン物質（N―ニトロソジメチルアミン）の生成

亜硝酸の急性毒性

硝酸の害には急性毒性と慢性毒性がある。先に述べたように、硝酸そのものの毒性は低いが、硝酸還元菌によって還元された亜硝酸が強い毒性を発揮する。メトヘモグロビン血症は急性毒性であり、人間（乳児）の場合はブルー・ベビー症候群、牛や羊などの反芻動物では「ポックリ病」と呼ばれている。

牛のポックリ病は、約一〇〇年前にヨーロッパで初めて報告された。その後、アメリカ、オーストラリア、ニュージーランド、南アフリカ共和国などで報告され、日本では一九六〇年ごろから観察されるようになったという（元井葭子「牛の硝酸塩中毒とその対策」『畜産の研究』四七巻一号、九三年一月）。**表8**に示したように、近年その数は減少傾向にあるが、二〇〇〇年においてもなお四二頭が急死して

表8　硝酸中毒による牛の死廃頭数（単位：頭）

年度	乳用牛	肉用牛	合計
1980	88	84	172
1981	82	88	170
1982	101	88	189
1983	103	73	176
1984	111	94	205
1985	61	52	113
1986	72	80	152
1987	33	54	87
1988	52	46	98
1989	45	48	93
80年代平均			146
1990	36	33	69
1991	41	45	86
1992	60	34	94
1993	32	64	96
1994	49	71	120
1995	18	47	65
1996	27	68	95
1997	38	56	94
1998	11	27	38
1999	16	47	63
90年代平均			82
2000	13	29	42

（資料）農林水産省「農業災害補償制度家畜共済統計表」各年度版。

いる。硝酸含有量の多い飼料を大量に摂取した場合、「牛は急性中毒を起こし斃死する場合が多いが、摂取量によっては急性中毒の症状を示さず、流産、虚弱、受胎不良、跛行《はこう》など慢性中毒を示す」（元井論文）とも言われる。

硝酸中毒が四つの胃（第一胃～第四胃）を持つ反芻動物に多いのは、pH六～七、四〇度前後に保たれた「ルーメン（rumen）」と呼ばれる第一胃に膨大な数の微生物（細菌や原生動物）が生息し、その働きによって飼料や水に含まれる硝酸が亜硝酸に還元されるからだ。成牛の場合、ルーメンの容積は胃全体の八〇％（約二〇〇ℓ）を占め、一mℓあたり一〇〇万匹以上の原生動物、一〇億匹の細菌が生息しているという（栗原康『共生の生態学』岩波新書、一九九八年）。

とはいえ、還元そのものが「悪」というわけではない。亜硝酸はアンモニアをつくるための中間生産物であり、以下のメカニズムにより最終的に牛肉や牛乳に変わる。すなわち、牛が飼料とともに体内に取り込んだ硝酸を、ルーメンに生息する微生物が「亜硝酸⇩アンモニア」に変える。さらに、微生物はアンモニアを利用して「アミノ酸⇩タンパク質」を合成し、自らの生命活動を維持する。そして、牛はその微生物(微生物タンパク質)を第三胃以降で消化・吸収し、牛体の維持・成長・泌乳などに利用しているのだ(Undersander, D. et al., Nitrate Poisoning in Cattle, Sheep and Goats(http://www.uwex.edu/ces/forage/pubs/nitrate.htm))。

問題なのは大量の硝酸が飼料に含まれる場合だ。硝酸から亜硝酸への還元速度は、亜硝酸がアンモニアに変換される速度より早い。そのため、飼料の硝酸含有量が多すぎると、アンモニアへの変換待ちの亜硝酸が血管に流れ込み、赤血球中のヘモグロビンをメトヘモグロビンに変えてしまう。

どの程度の含有量でメトヘモグロビン血症が発生するのか正確に知りたいところだが、研究者・研究機関・国によって差がある。もっとも高い範疇に属するアメリカでは、「中毒の恐れあり、家畜に与えるな」と警告する水準を「硝酸態窒素として四〇〇〇ｐｐｍ(一〇〇%乾燥重)」(硝酸イオンに換算すれば約一万七七〇〇ｐｐｍ)としている。さらに、水については二〇〇ｐｐｍ強が警告すべき水準であり、「単胃動物の豚でも死亡の危険がある。反芻動物には与えるな」「牛のメトヘモグロビン血症を防止するためには、生産者は飼料と水双方の硝酸汚染状況を正確に把握すべきだ」(前掲、Undersander論文)とアドバイスしている。

亜硝酸の慢性毒性(発ガン性)

これまでは、胃の中の状態が中性(pH七)に近い乳児および反芻動物に起きやすい急性毒性について述べてきた。加えて、亜硝酸は酸性の条件下(人間の成人の胃の中)で、食肉・食肉加工品、魚肉・魚肉加工品、たらこ・いくらのような魚卵などに多く含まれる二級アミン(ジメチルアミン)と化学反応を起こし、強力な発ガン物質であるN―ニトロソジメチルアミンを生成すると考えられている。

動物実験に基づくN―ニトロソジメチルアミンのTD50(半数がガンを発症する摂取量)は〇・〇五九mg/kg・体重。かつて食品化学課の課長が「厚生省通達」を出して安全性を喧伝し、後に発ガン性のあることが露見して大きな社会問題になった合成殺菌料AF2(同二九mg/kg・体重)でさえ足元にも及ばない、強力な発ガン物質である(泉邦彦『発がん物質事典』合同出版、一九九二年)。国際機関や欧米の機関はN―ニトロソジメチルアミンの発ガンリスクを次のように位置づけている(http://www.chemlaw.co.jp/Result_Eng_N/N-Nitrosodimethylamine.htm)。

①　2A=人に対しておそらく発ガン性がある――IARC(国際ガン研究機関)
②　A3=動物発ガン性物質――ACGIH(アメリカ産業衛生専門家会議)
③　B2=おそらく発ガン性物質(動物での十分な証拠があるが、疫学的研究から人の発ガン性については証拠が不十分、または証拠がない物質)――EPA(アメリカ環境保護庁)
④　B=合理的に発ガン性が懸念される物質――NTP(アメリカ国家毒性プログラム)
⑤　2=適切な長期動物試験またはその他の関連する情報に基づき、人の発ガン性を疑うに足る証

拠がある物質――ＥＵ（欧州連合）

しかし、野菜に含まれる硝酸やハム・ソーセージなど食肉加工品に発色剤として添加される亜硝酸塩（亜硝酸ナトリウム）とガンとの関連については、次のような指摘がある。

① 「よほど特殊な事情でもないかぎり、（胃の中での）《硝酸⇩亜硝酸⇩Ｎ―ニトロソジメチルアミン⇩ガン》理論は（単線的に）成り立たない」（Ｊ・エムズリー著、渡辺正訳『逆説・化学物質』丸善、一九九六年）。

② 野菜に含まれる「ビタミンＣやリジン、アルギニン、グリシン等のアミノ酸にはニトロソアミン類の生成を抑制する作用がある」（細貝祐太郎ほか編『見直したい食の安全性』女子栄養大学出版部、一九九三年）。

いずれも、その道の専門家たちの意見だ。それらが真っ向から対立している。こうなるとわれわれ門外漢は判断に迷うが、論争に決着がつくまでの間の《自衛策》は硝酸の摂取量を意識的に減らすことである。それは可能だろうか？

三　本当に問題ないのか

硝酸許容量の日欧比較

孫尚穆・米山忠克氏の「野菜の硝酸：作物体の硝酸の生理、集積、人の摂取」（『農業および園芸』

第七一巻第一一号、一九九六年）によれば、野菜に含まれる硝酸の許容量について①ドイツ、スイスでは参考値、②オランダ、オーストリア、ロシアでは制限値がそれぞれ定められているという。国、野菜の種類、収穫時期などによって、制限値や参考値は異なる。たとえば、ホウレン草の制限値を見ると、孫氏らが引用するScharpf論文（九一年）では、もっとも厳しいドイツで二〇〇〇、緩いオランダで三五〇〇（夏）〜四五〇〇（冬）となっている（単位は硝酸イオンとして㎎／kgすなわちｐｐｍ）。これらは、いずれもＥＵ（欧州連合）の統一基準が策定される以前の数字である。

ＥＵは二〇〇一年三月、ホウレン草およびレタスに関する硝酸上限値を設定した（**表9参照**）。ＥＵ加盟国は今後、これら二種類の野菜を継続的にモニタリング。硝酸含有量が上限値内に収まるよう、国内生産者に「優良農業行為規準」（西尾道徳・筑波大学教授の訳語。原文はCode of Good Agricultural Practices（ＧＡＰ））の遵守を要求し、ＥＵ委員会に硝酸およびＧＡＰの遵守状況を毎年、報告する義務が課せられることになった（EU: Commission Regulation [EC] No.466/2001）。

これに対して日本では、野菜に含まれる硝酸の許容量は決められていない（章末の**【追記】**参照）。この問題については、福島豊・衆議院議員（公明党）が一九九八年二月九日、「ＷＨＯの摂取基準を踏まえた制限値を設けるべき」とする内容の「野菜の硝酸塩汚染に関する質問主意書」を国会に提出した。以下に示したのは、伊藤宗一郎・衆議院議長に宛てた橋本龍太郎・内閣総理大臣の「答弁書」の要旨である（要約にあたり、筆者の責任において言葉を補った。詳しくは、巻末の**【参考資料④】**および**【参考資料⑤】**、二六八〜二七二ページ参照）。

表9　野菜の硝酸（硝酸イオン換算）規制　　(単位：NO_3mg/kg)

野　菜	制　限　値					参　考　値	
	EU 規則 (2001年)	EU 準拠 (1996-98年)	Scharpf(1991年)			Scharpf(1991年)	
	E U	イギリス	オランダ	オーストリア	ロシア	ドイツ	スイス
レタス	4500（ハウス：10-3月） 3500（ハウス：4-9月） 2500（露地：5－8月）	4500（ハウス：11-3月） 3500（ハウス：4-10月） 2500（露地：5－8月）	4500（冬） 3000（夏）	4000（冬） 3000（夏）	2000（露地） 3000（ハウス）	3000	3500
ホウレン草	3000（生鮮：11－3月） 2500（生鮮：4－10月） 2000（冷凍加工）	3000（生鮮：11－3月） 2500（生鮮：4－10月） 2000（冷凍加工）	4500（冬） 3500（夏） 2500（1995以降）	3000（7月以降） 2000（6月まで）	2000（露地） 3000（ハウス）	2000	3500
赤かぶ	—	—	3500（7-3月） 4000（4-6月）	4500（冬） 3500（夏）	14000	3000	3000
大根	—	—	—	4500（冬） 3500（夏）	—	3000	—

（資料1）Scharpf 論文（1991年）は、孫尚穆・米山忠克「野菜の硝酸：作物体の硝酸の生理、集積、人の摂取」（『農業および園芸』第71巻第11号、1996年）より転載。

（資料2）EU 規則（2001年）は、*Official Journal of the European Communities*, Vol.44, No. 16, Mar. に掲載の Commision Regulation（EC）No. 466/2001より抜粋。

（注1）欧州委員会規則（EEC）No. 315/93において、「国民の健康を守るため、食品に含まれる有害物質の最大量を設定すること」が指示された。その後、欧州委員会規則（EC）No. 194/97において各有害物質の最大量がそれぞれ設定され、同規則 No. 1566/99における修正を経て、2001年3月8日、Commision Regulation（EC）No. 466/2001に「硝酸（イオン）の最大含有量」が示された。

（注2）EU は EU 規則（2001年）、イギリスは EU 準拠（1996-98年）、その他の国は scharpf 論文による。

①　日本において、野菜からの硝酸塩の摂取により、具体的な健康に対する影響が生じたという事例は承知していない。
②　一九九五年に「FAO／WHO合同食品添加物専門家会議（JECFA）」が定めた硝酸塩の一日摂取許容量（ADI）は、硝酸塩を人為的に食品に添加する場合および飲み水を通じて摂取される場合のADIである。野菜にはビタミンやアミノ酸など多数の栄養成分が含まれ、硝酸塩の吸収や代謝はこれら栄養成分の影響を受けるため、JECFAにおいても「ADIと比較すること」「野菜の硝酸塩の含有量に上限値を設けることは適当ではない」と指摘している。
③　農業者に対して窒素肥料等を過剰に使用しないよう指導している。
④　今後、野菜に含まれる硝酸塩の健康に対する影響や窒素肥料の使用と水質汚染との関係についての新たな知見が得られた場合には、必要に応じて窒素肥料等の適正な使用を図る観点から、技術指針及び基本指針の見直し等の措置を行う。

要するに、深刻な健康被害、極言すれば死亡事故が起きなければ、厚生省（当時）も農水省も現状維持にとどめ、具体的なアクションは起こさないというのだ。これが官僚の典型的な行動パターンであり、官僚の作文を読むしか能のない政治家の姿だ。ここには、危機管理の「き」の字の認識もない。薬害事件（サリドマイド、スモン、薬害エイズ、薬害ヤコブ病など）が繰り返される所以《ゆえん》だ（薬害事件については、薬害資料館（http://www.mi-net.org/yakugai/）が詳しい）。否、彼らのみならず、無難な研究テーマを右顧左眄《うこさべん》的に選択する研究者も同類である。彼らには、自ら率先して国民の生命を守ろうとする使命感がない。

この点、ＥＵは優れている。すでに述べたように、ＥＵでは加盟国住民の食の安全を守るため、ＪＥＣＦＡの指摘を「参考程度」にとどめ、ＥＵ独自の判断でホウレン草およびレタスについて硝酸上限値を設定した。学ぶべきは、この姿勢である。

日本の野菜を食べると一日摂取許容量を超える

ところで、ＪＥＣＦＡが定めた硝酸塩の一日摂取許容量（ＡＤＩ）は「硝酸ナトリウムとして〇～五㎎／㎏・体重」だ。表1（一五六ページ）に示した換算表を用いて硝酸イオンに換算すると「〇～三・六五㎎／㎏・体重」になる。「答弁書」によれば、ＪＥＣＦＡはこのＡＤＩと野菜の硝酸含有量とを「比較することは適当ではない」としているようだが、参考までに、ＥＵ精神にならって《ＡＤＩと野菜の硝酸との比較》を試算してみる。

日本人成人（二〇～六四歳）の平均体重は五八・七㎏だから、上限値の三・六五㎎を用いた場合のＡＤＩは二一四・三㎎となる。『国民栄養調査』によれば、日本人は一人一日あたり平均約二八〇ｇの野菜類を食べている。したがって、その他の食べ物や飲み水に含まれる硝酸をゼロと仮定しても、ＡＤＩを超えないためには、野菜一ｇ中に含まれる硝酸の量は平均〇・七六六㎎未満でなければならない。これをｐｐｍで表せば、七六六ｐｐｍとなる。

だが、表6（一七二ページ）に示したように、日本の葉茎菜類と根菜類はこれをはるかに上回ってい

表10　年齢階層別１人１日あたり硝酸塩（硝酸イオン〔NO_3〕換算）摂取量

（単位：mg）

	幼　児（1-6歳）	学　童（7-14歳）	青　年（15-19歳）	成　人（20-64歳）	高齢者（65歳以上）
調味料・嗜好飲料	1.32	1.28	2.06	2.45	1.37
穀類	0.26	0.34	0.50	0.52	0.40
イモ・豆類・種実類	1.08	0.75	0.58	0.65	1.23
魚介類・肉類	0.32	0.62	1.08	0.63	0.31
油脂類・乳類	0.41	0.78	0.39	0.27	0.31
砂糖類・菓子類	0.81	0.91	0.81	0.34	0.22
果実・野菜・海草類	124.34	215.12	233.76	284.15	248.83
摂取量総計①	128.55	219.80	239.18	289.02	252.67
平均体重（kg）	15.9	37.1	56.3	58.7	53.2
階層別 ADI ②	58.83	137.27	208.31	217.19	196.84
対 ADI 比（①/②）	2.19	1.60	1.15	1.33	1.28

（資料）厚生省「マーケットバスケット方式による年齢階層別食品添加物の一日摂取量の調査」2000年12月より、筆者作成。

（注）この調査では、硝酸イオンの ADI（一日摂取許容量）を体重１kgあたり3.7mgとしている。

る。ちなみに、ＥＵの上限値三〇〇〇ｐｐｍのホウレン草を食べた場合でさえ、わずか七二ｇ（平均体重一五・九kgの六歳以下の幼児では二〇ｇ）でＡＤＩを超えてしまう。

表10は、旧・厚生省が二〇〇〇年一二月に発表した「マーケットバスケット方式による年齢階層別食品添加物の一日摂取量の調査」から硝酸摂取量を抜粋したものだ。「年齢階層別・一日あたり・食品平均喫食量」に基づいて算出された硝酸の摂取量は、幼児、学童、青年、成人、高齢者、いずれの年齢階層においてもＡＤＩを超過している。その主因は野菜類である。

だが、先述のように、厚生労働省はＪＥＣＦＡの指摘を引用し、「食品としての野菜の有用性やこれまでの食経験等から考えると、現時点で問題があるとは言えない」と結論づけている。

また、「本調査においては、水洗い、加熱等の調理、加工の過程が考慮されておらず、野菜を水洗い、加熱等した際には、硝酸塩の含有量が減少すると考えられることから、実際の摂取量は、本調査により算定した推定摂取量よりも少ない可能性がある」としている。

たしかに、煮たり茹《ゆ》でたりすれば、野菜の種類や調理時間による違いはあるが、硝酸塩の含有量は一〇〜七〇％も減少することが報告されている（東京都『食品衛生関係事業報告』一九七九年。ただし、炒めたり、焼いたりすると、水分が蒸発した分、野菜の単位重量あたり硝酸塩含有量は増加する）。だが、本当に現時点で問題があるとは「言えない」のか。今回のマーケットバスケット方式調査では、一歳未満の乳児は対象外になっているが、硝酸の影響をもっとも受けやすいのは乳児である。それを考慮しても、なお「問題なし」といえるのだろうか。

減少する栄養価

他方、**表11**に例示したように、野菜（ホウレン草）に含まれる栄養成分は農業の近代化（収量追求、品種改良、農薬・化学肥料の多投等）の進展に伴って、年々、減少している。

また、**図1**は窒素の施用量とホウレン草（品種はグローバル）のビタミンC含有量および収量との関係を見たものだ。資料に掲載されていた図から数値を読み取り、それらをもとにして二次関数（回帰曲線）で近似し、その当てはまり具合（決定係数R^2が一に近いほど窒素施用量との関連が強く、P値がゼロに近いほど曲線の信頼性が高い）を調べた。その結果①ビタミンCの決定係数は〇・九七、P値は〇・

表11　ホウレン草中の栄養価(生100g あたり)

	ビタミンA		ビタミンC	カルシウム
	A 効力(IU)	カロチン(μg)	(mg)	(mg)
改訂版(1954)	2,600	4,800	100	98
三訂版(1963)	2,600	4,800	100	98
四訂版(1982)	2,900	5,200	65	55
五訂版(2000)	2,300	4,200	夏採り20 冬採り60	49

(資料)科学技術庁「日本食品標準成分表」。

(注1)ビタミンAには、動物性食品に含まれるレチノールと、緑黄色野菜に含まれ、体内でビタミンAに変わるカロチン(とくにβ-カロチン)がある。「A効力」はカロチンのビタミンA換算値。

(注2)①ビタミンAのカロチンの表示単位は三訂版ではIU(国際単位)、四訂版以降はμgが使用されている。②A効力は三訂版、四訂版では表示されているが、五訂版ではレチノール当量に変更されている。栄養価の経年変化を見るには、各版に示された数値の単位を統一する必要があるが、本書初版ではそれを怠っていた。

本表のビタミンAに関する各数値は、上記の事柄をご指摘くださった藤田正雄氏(自然農法国際研究開発センター農業試験場)から提供されたものである。カロチンはμgに、レチノール当量はA効力(IU)に統一して再計算されている。

図1　窒素施用量とホウレン草のビタミンCおよび収量

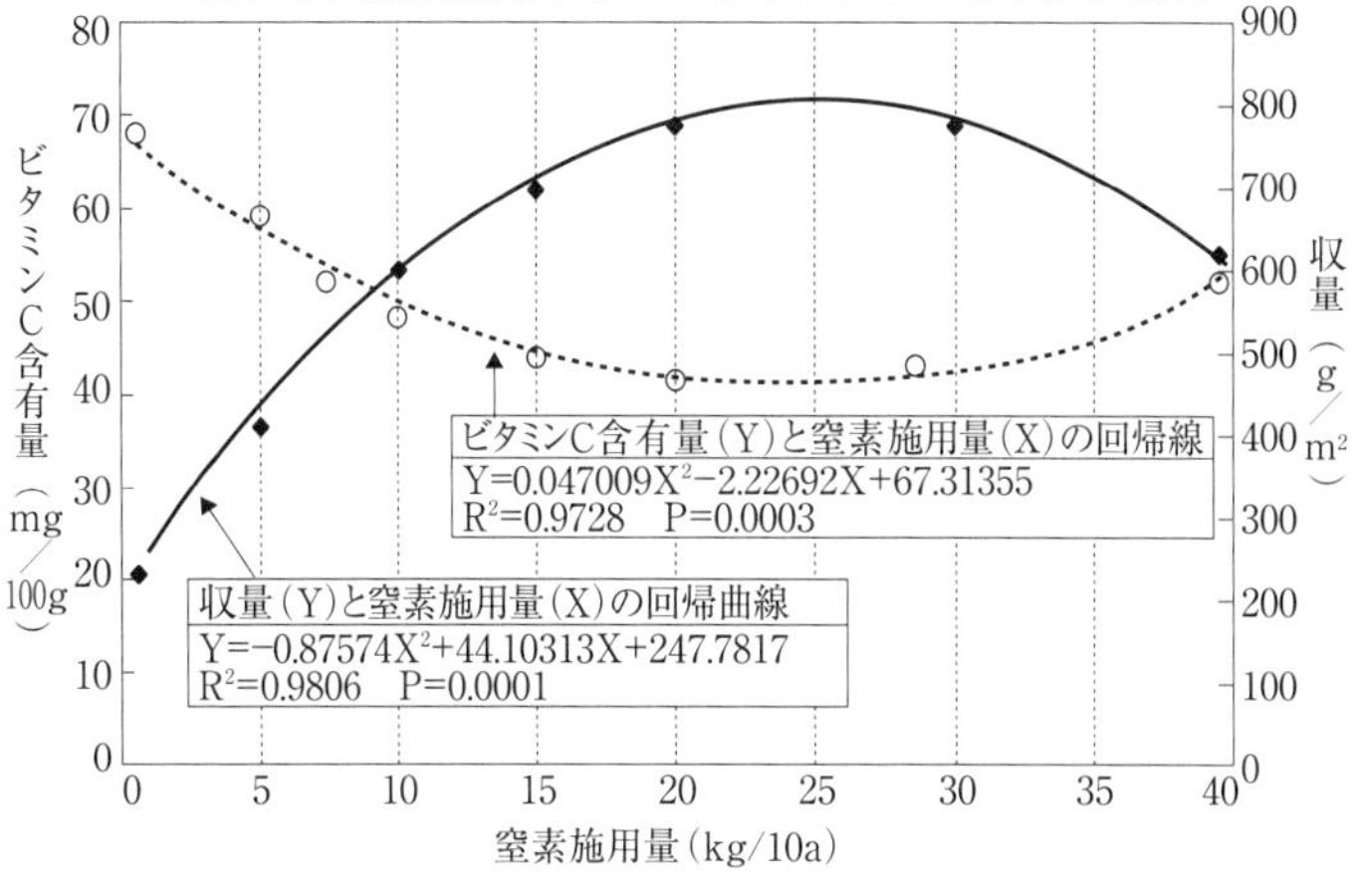

(資料)道南農試土壌肥料科「消費者ニーズを考慮したホウレン草及びトマト内部品質指標」『成績概要書』1989年。

〇〇〇三、②収量の決定係数は〇・九八、P値は〇・〇〇〇一であった。したがって、図1に示した二つの二次関数は信頼度がきわめて高いと言える。

これを利用して収量の極大値を求めると約八〇三g／㎡となり、そのときの窒素施用量は約二五・二kg／一〇a、ビタミンC含有量は約四一mg／一〇〇gとなる。図1に示した曲線からも視覚的にわかるように、生産者が収量の極大化をめざして《合理的》に行動すれば、ホウレン草のビタミンC含有量は最低に近くなる。農業が慈善事業でないかぎり、あるいは価格が栄養価の多寡を反映するものでないかぎり、市場に供給されるホウレン草は《必然的》に「外観は立派でも、栄養価の乏しいジャンク・フード（がらくた食品）」になる。市場経済とは、そういうものだ。

振り返って見るに、「発ガンに結びつく硝酸塩」と騒いだ一九七六年から三〇年近い年月が経とうとしている。喉元を過ぎて、熱さを忘れたためだろうか、近年ではこの問題に警鐘を鳴らす人は少ない（筆者の知る少数の例外は、本章で言及した相馬暁氏と、河野武平氏（『野菜が糖尿病を引き起こす!?』宝島社新書、二〇〇〇年）だ）。

だが、野菜の硝酸汚染はいまも続き、表6に示したように、むしろ悪化した。また、表4（一六四ページ）に示したように、地下水（井戸）の五～六％が基準値を超え、いくつかの地域ではブルー・ベビーがいつ多発しても不思議ではないほど高濃度の硝酸に汚染されている。そのような現状を知る者の一人として、筆者は、家庭における離乳食づくりを通じて、高濃度の硝酸を含む野菜と地下水（井戸水）が器の中で出会うことが心配でならない。

近ごろ、政治家や官僚が頻繁に「自己責任」なる言葉を使用するが、過半はお上の責任逃れの口実に悪用されている。国民サイドに立てば「自衛」であろう。

硝酸汚染に対する自衛策として、筆者は先に硝酸の摂取量を「意識的に減らすこと」を提案した。その具体策は、もうおわかりだと思う。有機農産物を食べること、つまり、買い物という投票行為を通じて有機農業生産者に一票を投ずることである。できれば、第1章の章末に示したような方法（共同購入グループや産直に熱心な生協への加入など）によって、「農」という営みに懸ける生産者の人生観や熱意のほどを確かめたい。野菜に含まれる硝酸の害に関する《科学的》論争に決着がつくまでの間の自衛策は、有機農産物を意識的に選択すること以外にはあり得まい。

4　慣行栽培と有機栽培

農薬や化学肥料などの化学合成物質に依存する慣行栽培であれ、そのような化学合成物質に頼らない有機栽培であれ、窒素肥料（堆厩肥を含む）の過剰施用は野菜の硝酸含有量を高める。同じ栽培方法（農法）であっても、硝酸含有量は一七三～一七四ページで述べたような、植物の窒素同化作用（根から吸収した窒素（硝酸イオン）からアミノ酸などをつくる）や硝酸の吸収速度にかかわる多様な要因に左右される。それゆえ、「慣行栽培か、有機栽培か」といった二分法では捉えきれない。事はそれほど単純ではない。そう考えることもできる。事実、有機農業に批判的な人たちから、そうしたコメントを頂戴したことがある。

一般論としては、確かにそのとおりだ。だが、そんな《机上の抽象論》や《議論のための議論》を云々しても、埒《らち》が明かない。事実関係をデータに基づいて検証しなければ、話は前に進まない。そう考えて、批判的コメントに対する反証を探した。次に紹介するのは、筆者が見つけた数少ない反証資料の概要である。

① 非営利組織「環境クラブ・エコ研究室」の増山博康代表は、ホウレン草二三検体の硝酸態窒素濃度を測定し、その結果を機関誌『環境クラブ・ニュース』(一九九五年一〇月号)で発表している。その測定値をもとにして、筆者が再集計してみた。その結果、「エコ研究室の会員の共同購入品、有機表示された市販品」一一検体の硝酸態窒素は平均二〇九ppm(硝酸イオンに換算して約九二五ppm)。これに対して、「都内デパート、埼玉県のスーパーなどの慣行栽培品」一二検体のそれは、五・七倍を超える平均一一九四ppm(同約五二九〇ppm)であった。

② 赤堀栄養専門学校の講師であり、管理栄養士でもある早川泰子氏は、斉藤進教授らと共に一九九二年から三年間、「有機野菜の品質、栄養価および調理特性に関する研究」を行い、**表12**に示すような計測結果を得た。一見して明らかなように、ビタミンC含有量は有機栽培のほうが多い。

③ カリフォルニア大学サンタクルーズ校持続的食糧システム研究センターの村本穣司氏は、レタスのビタミンCと硝酸態窒素について、千葉県三芳《みよし》村の有機栽培レタスと同県館山《たてやま》市の慣行栽培

表12　有機栽培と慣行栽培の還元型ビタミンC（アスコルビン酸）含有量（試料100g中mg）

1992年	ブロッコリー	シュンギク	ホウレン草	チンゲン菜
有機栽培	198.90	35.66	98.85	36.54
慣行栽培	157.22	28.92	76.00	32.23

1993年	大根	シュンギク	ジャガイモ	チンゲン菜 購入時	チンゲン菜 貯蔵6日後
有機栽培	17.02	35.07	36.75	29.60	22.80
慣行栽培	14.23	14.85	29.90	20.47	13.24

1994年	大根葉 生	大根葉 ゆで	ピーマン	ジャガイモ 生	ジャガイモ ゆで	下仁田ネギ 生	下仁田ネギ 貯蔵6日後	下仁田ネギ ゆで
有機栽培	82.78	41.62	135.80	41.60	18.80	42.17	36.83	13.20
慣行栽培	62.44	23.65	82.21	21.22	13.62	23.67	19.94	8.31

（資料）早川泰子「Organic　Science 美味しさを科学する(3)」（『ポラン通信』2001年5月号）、http://www.polan.net/に掲載。
（注1）数値は各作物5検体の平均値。
（注2）ビタミンCは還元型と酸化型があり、収穫後の時間の経過とともに前者は後者に変質する。前者は加熱に強いが、後者は弱い。

レタスとを比較。有機栽培のビタミンC含有量は七・五mg／一〇〇gで慣行栽培より三六％多く、硝酸態窒素は二六三ppm（硝酸イオンに換算して約一一六五ppm）で慣行栽培の半分以下（四三％）であったことを報告している（同氏の博士論文『野菜生産地の土壌に関する研究』一九九三年）。

④

同じく村本氏は、カリフォルニア州サンタクルーズ郡内で購入したレタスとホウレン草について、有機栽培と慣行栽培との比較を行い、**表13**のような分析結果を一九九九年に発表している。ホウレン草については冬季・夏季ともに有機栽培のほうが硝酸含有量は少ない。一方、レタスの場合、冬季に購入したものは逆に、有機栽培のほうが多かった。生産者が特定できず、その原因は解明されていないが、表13を見るかぎり、「有機栽培のほうが『総じて』硝酸含有

表13　硝酸含有量の比較：有機栽培 vs 慣行栽培

作物	品種	季節	栽培方法	検査数	硝酸イオン含有量(mg/kg生鮮重) 最高	最低	平均
レタス	Iceberg	冬	慣行	6	1,100	870	970
			有機	4	＊1,300	760	＊977
		夏	慣行	6	1,100	520	707
			有機	6	660	480	575
	Romaine	冬	慣行	6	1,200	890	1,030
			有機	6	＊1,500	820	＊1,170
		夏	慣行	6	1,700	770	1,140
			有機	6	1,600	580	954
ホウレン草		冬	慣行	6	2,900	1,500	2,230
			有機	6	2,600	890	1,800
		夏	慣行	6	3,400	2,000	2,850
			有機	6	3,000	600	1,820

(資料) Muramoto, J., ***Comparison of Nitrate Content in Leafy Vegetables from Organic and Conventional Farms in California***, Center for Agroecology and Sustainable Food Systems, University of California, Santa Cruz, June, 1999.
(注) ＊は有機栽培のほうが硝酸含有量が多かったケース。

量は少ない」と言って大過なかろう。断定するにはデータの数が不足しているが、それを考慮しても、信頼のおける生産者が提供する有機野菜は《自衛策》として採用する価値があると言えそうだ。

では、なぜ、有機栽培された野菜は慣行栽培の野菜と比較して、硝酸含有量が少なく、ビタミンCの含有量は逆に多かったのだろうか。その理由として、以下の四点が考えられる。

① 堆肥などの有機質肥料は、過剰施用になりにくい(自家製堆肥に含まれる窒素成分は〇・四%前後。一トン施用しても窒素量は四kg程度)。

② 堆肥中の窒素(有機態窒素)は微生物に分解されてはじめて作物が吸収できる形(硝酸イオン)になるため、窒素供給速度

が作物の窒素同化速度とほどよく調和し、作物体内に余分な窒素（硝酸イオン）が滞留しにくい。

③　窒素同化にはエネルギーが必要だが、エネルギー源は光合成（炭酸同化作用）によって産生した糖類（炭水化物）である。そのため、作物体内の硝酸イオン濃度が高いほど糖類が過剰に窒素同化に消費され、糖含有量が低下する。

④　作物は、糖類を材料にしてビタミンCを合成している。そのため、硝酸含有量とビタミンC含有量との間には反比例の関係が成立する。

以上は門外漢の筆者の《耳学問》である（理解不足による誤りがあるかもしれないが、前掲の村本論文、早川論文、西尾道徳氏の『有機栽培の基礎知識』（農山漁村文化協会、一九九七年）などを参考にした）。

【追記】　一七九ページに「日本では、野菜に含まれる硝酸の許容量は決められていない」と書いたが、新聞報道によれば、「農水省は、野菜に含まれる硝酸塩を減らす対策に、本格的に乗り出した。二〇〇四年度末をめどに、低減化技術を確立するとともに野菜中の含有量に目標値を設ける」（『日本農業新聞』〇三年六月一九日）という。「目標値は、農研機構・野菜茶業研究所を中心に策定を進める方針で、『収量を一割以上落とさないことを前提に、施肥改善などで低くできる値』（同研究所）が目安となる」という。また、農水省は〇三年七月一四日、ホームページに「野菜中の硝酸塩に関する情報」を掲載した（http://www.maff.go.jp/soshiki/seisan/syosan/nitrate-header.htm）。今後の動向に注目したい。

第5章 日本の「食」と「農」を守る道

1　日本の産消提携運動とアメリカのCSA運動

一　社会変革運動としての産消提携運動

「食」（食べ物、食べる人・消費者、都市）と「農」（農業、作る人・生産者、農村）の連帯といえば、その極めつきは、第1章（五五ページ）でも触れた日本の有機農業運動すなわち「生産者と消費者の『顔と暮らしの見える有機的な人間関係』を基盤にして展開する産直・共同購入（産消提携）運動」だ。この運動は日本有機農業研究会（一九七一年一〇月結成）によって唱導され、すでに三〇年以上の歴史を有している。

筆者は一九七四年の秋ごろから「市場開放（貿易自由化）しても生き残れる日本農業のあり方」を模索し、その先駆的な事例として日本の有機農業運動に興味を持ちはじめた。当時は、「有機」の二文字を口にするだけで周囲の顰蹙《ひんしゅく》を買った。「農作物はすべて有機物（生命体）だ。有機物を生産する農業に『有機』の呼称を冠するのは、『馬から落ちて落馬した』とか『女の婦人』という類の同義語反復（トートロジー）だ」「無農薬・無化学肥料で農業が成り立つ道理がない」などと批判され、四面楚歌的情況に陥ったことを思い出す。

しかし、それから間もなく、後にベストセラーとなる有吉佐和子氏の小説『複合汚染』の連載が『朝日新聞』紙上（一九七四年一〇月一四日〜七五年六月三〇日）で始まり、腐蝕が深化する日本の食・農・環境の現況に警鐘を鳴らしたことから、七〇年代中葉に「第一次有機ブーム」が生じる。図1に示したように、筆者はこれを《複合汚染ショック》と名付けることにした。

第一次有機ブームの主たる担い手は、反公害運動の思潮を背景に結成された日本有機農業研究会の消費者グループおよび生産者だった。彼らは農産物の生産から消費に至る全過程を問い直し、食の安全性確保の視点から農法転換に伴う経営・経済的なリスク負担を生産者と消費者が分担し合うこと（産消提携）を運動の柱に据え、共鳴者の環を全国に広げていく。

第1章に示した図9（三四・三五ページ）の「安全性に不安のある農畜産物の氾濫」に至る七つの道筋を逆にたどれば、生産者も消費者も共に食の腐食に関与した《無意識の加担者》であったことがわかる。第一次有機ブームの担い手たちには、総じてその自覚があった。だからこそ、彼らは、当時の「欧米型」有機農業運動すなわち「生産者自主基準・検査・認証・認証マークの付与による商品差別化」路線とは異なる、日本独自の産消提携運動を展開したのである。

換言すれば、それは「疎遠になった消費者（都市）と生産者（農村）とが直に手を結んで『顔と暮らしの見える関係』を構築し、食の近代化・農の近代化の名の下に蹂躙された食および農の主権を奪還して、『あるべき姿の食』『あるべき姿の農』……『あるべき姿の社会（共生社会）』を再建する運動」路線、すなわち「都市住民と農山村住民との心情的紐帯を基盤にして成り立つ人的・物的空間を、当該

拡大する生産者と消費者の距離：細る心情的紐帯）

2001. 04 「有機食品の検査認証制度」本格運用
1999. 07 JAS 法改正（有機認証制度の導入決定）
1997. 07 「全国産直産地リーダー協議会」結成

第 3 次有機ブーム（平成の黒船ショック）→「認証制度」への関心が高まる

1995. 06 アメリカ「オーガニック使節団」初来日
1993. 07 特定 JAS 規格新設
1993. 04 有機農産物表示ガイドライン施行

1988. 01 「らでぃっしゅぼーや」結成【専】

第 2 次有機ブーム（チェルノブイリショック）→「有機農産物」への関心が高まる

1983. 12 「ポラン広場」結成【専】

1978. 11 日本有機農業研究会「生産者と消費者の提携の 10 原則」発表
1975. 08 「大地を守る会」結成【専】

第 1 次有機ブーム（複合汚染ショック）→「有機農業」への関心が高まる

1971. 10 「日本有機農業研究会」結成
※日本の有機農業運動の“夜明け”

注：【専】は有機農産物などを専門に扱う流通事業体

アイデアを参考にしつつ、筆者の知見を加えて作成した。

図1　多様化する有機農産物などの流通ルート

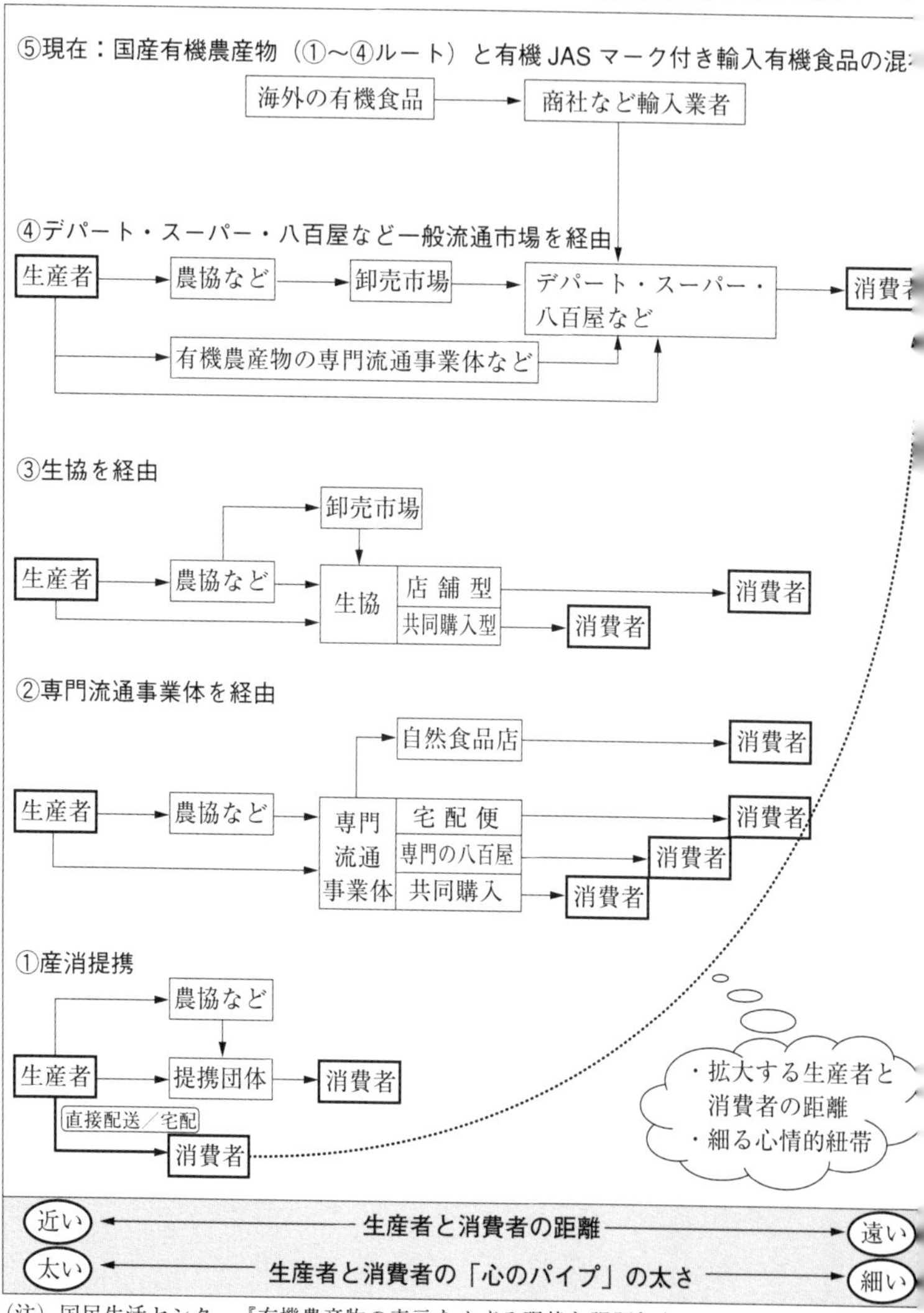

（注）国民生活センター『有機農産物の表示をめぐる現状と課題』（1993年3月）の図3の

個人・集団の力量に応じて地域社会全体、国全体に拡大していこうとする草の根の社会変革運動」路線であった(拙著『覚醒への軌跡』食の情報センター・ブックレット1、一九九一年)。

二　アメリカで広がる「テイケイ」の思想

あまり知られていないが、この「日本型」有機農業(別名「産消提携」運動)はヨーロッパ経由でアメリカに伝えられ、「CSA(Community Supported Agriculture＝地域で支える農業)運動」として、小規模な家族農(family farm)型有機農場を中心にめざましい勢いで拡大している。日米両者の形態上の違いは、日本が運動への共感と「相互信頼」に基づく産直・共同購入システムをとっているのに対し、アメリカでは共感と「契約」に基づく会員株システムをとっているところにある。

CSA運動では、農場の経営費用を賄うために株を発行し、株主(運動に賛同する地域の消費者)は持ち株に応じた農産物を受け取るシステムが一般的だが、実質的な運用は産消提携と大差ない。株の発行には、信頼を契約によって担保しようとする契約社会アメリカの国民性が反映されており、興味深い(CSAの理念と実態について、詳しくは、T・グロー／S・マックファデン共著、兵庫県有機農業研究会訳『バイオダイナミック農業の創造』(新泉社、一九九六年)を参照されたい)。

アメリカにCSAの概念を最初に伝えたのは、一九八五年にスイスから帰国したJ・V・チュインン氏だった。その年の秋、同氏が伝えた情報に触発されて、マサチューセッツ州に最初のCSA農場となる「Indian Line Farm CSA」(農場代表はロビン・ファン・エン女史)が誕生した。次いで翌八六年、ドイツから移り住んだT・グロー氏がバイオダイナミック農法(人智学の提唱者ルドルフ・シュタイナー氏が唱導した生態的農法)を実践するドイツの農場で展開されていたCSA運動を伝え、その年の夏、ニューハンプシャー州にCSA農場第二号となる「Temple-Wilton Community Farm」が誕生した。

その後、CSA農場数は一九八八年に一〇農場に増え、九〇年六〇農場、九二年一六二農場、九五年五二三農場、二〇〇一年七六一農場、そして〇二年は八一二農場へと、年率約三七%(八八年⇩〇二年)もの勢いで拡大していく。〇一年の全米の有機認証農場数は六九四九農場だから、その一〇%以上がCSA運動に参加していることになる(統計数字はThe Alternative Farming Systems Information Center, National Agricultural Library および Economic Research Service のホームページ掲載資料に拠った)。

着目すべきは、この点だ。すぐ後に述べるように、日本では「認証システムづくり先進国のアメリカを見習え」とばかりに、一九九〇年代中葉に有機食品の基準づくりや検査認証制度づくりをめぐる論議がブーム的様相を呈す。また、CODEX(FAO/WHO合同国際食品規格)委員会など国際的な議論の動向を考慮して、農水省は九九年七月にJAS法(農林物資の規格化及び品質表示の適正化に関する法律)を改正し、「有機食品の検査認証制度」の新規導入を決めた。しかし、そのアメリカで「日本型有機農業運動(産消提携システム)に学ぼう」という《新しい》運動、すなわちCSA運動が急展開しているのだ。

Ｔ・グロー氏と並んでＣＳＡ運動の先導者となった、いまは亡きロビン・ファン・エン女史はＣＳＡ概念のルーツを考証して、「チュイン氏がわれわれに伝えてくれたのは日本の提携システムのスイス・バージョン(a Swiss version of the Japanese "Teikei" clubs)だった」と著書や講演会で繰り返し強調した。それゆえ、ＣＳＡ運動関係者の間では、「テイケイ」はいまやソニーやホンダと同じく、一種のブランドと化している(Robyn Van En, "Eating for Your Community: A Report from the Founder of Community Supported Agriculture", *IN CONTEXT*, No.42, 1995.(http://www.context.org/ICLIB/IC42/VanEn.htm))。

三　ＣＳＡ運動急拡大の背景

認証システムづくり先進国のアメリカでＣＳＡ運動が急拡大する背景として、統一基準の策定に付随する「平準化作用」が指摘できる。平準化作用とは、「生産者団体の自主基準⇩州法に基づく州内統一基準⇩連邦法に基づく全国統一基準」という有機農産物の生産基準の策定にかかわる主体の多様化と広域化に伴って、生産者・流通業者・加工食品メーカー・有機資材メーカーなど関係者の利害が複雑に絡み合い、有機農業の農法としての多様性が「農薬および化学肥料不使用」の一事に矮小化されることを指す。

有機農業とは、内外の有識者が指摘するように、「地力維持のための適正な輪作、土づくり、多品日栽培、作物の残滓や家畜の糞尿など有機物資源の農場内リサイクル、共生作物や天敵を利用した生物学的防除など、自然の生産力と物質・生命循環を活かすとともに、地域総体としての自給をめざす農業」である。無農薬・無化学肥料は、このような農法的多面性の一つの要素にすぎない。

しかし、慣行農法から無農薬・無化学肥料に切り替えただけの底の浅い、大規模で企業的な有機農場では、「有機農業の基準さえ満たせばよい」とでも考えているのだろうか、「害虫を大型真空ポンプで吸い込むトラクターほどもある農業機械(虫取り掃除機(bug-vac))や、野菜の発芽前に地表を火炎放射器で焼く雑草防除方法など、過度に化石燃料を使い、排ガスを出し、機械の自重で土を踏圧する」といった、本来の有機農業のあり方とは相容れないエネルギー浪費型、反自然的な農法を採用しているという(国民生活センター編、桝潟俊子・久保田裕子著『多様化する有機農産物の流通――生産者と消費者を結ぶシステムの変革を求めて』学陽書房、一九九二年)。

この事実関係については、断定に足るだけの資料は収集できていないが、CSA運動の急増は一つの証左だと筆者は考えている。というのは、グレシャムの法則(悪貨が良貨を駆逐する)を持ち出すまでもなく、《丁寧な有機農業(良貨=有機農業の基本に忠実であろうとする小規模・家族農型有機農場)》は、無農薬・無化学肥料に切り替えただけの反自然的で《乱暴な有機農業(悪貨=ビジネス優先の企業的な有機農場)》が有する市場競争力に対抗できず、生き残るためには、彼らの有機農業にかける心意気を理解してくれる消費者・地域住民との「テイケイ」に活路を見出さざるを得なかったのだろうと推測できるからだ。

当然ながら、ここでいう丁寧な有機農業とは、アメリカの大規模・単作型の慣行栽培の畑作農業によって招来される表土流亡を防止するための緑肥作物などによる表土被覆、根菜・茎葉菜・果菜・子実《じつ》（豆類、米麦など）・牧草など多様な作物を考慮した適切な輪作など、農業生態系の物質・生命循環に配慮した農業を指す。家族農型有機農場のすべてが必ずしも有機農業の基本に忠実だとは限らないが、基本に忠実であろうとすればするほど、市場（認証マークと価格を介した生産者・消費者相互の顔の見えない無機的・匿名的な関係）以外の「場」（ＣＳＡ運動）を必要としたと推測して、大過あるまい。

2　危うい「第三次有機ブーム」

一　オーガニック使節団（平成の黒船）の来航

第三者認証の信頼性を強調

第二次有機ブームは、旧ソ連ウクライナ共和国のチェルノブイリ原発四号炉事故（一九八六年四月）に起因する輸入食品の放射能汚染が大きな社会問題となった、八〇年代後半に生じた。筆者はこれを《チェルノブイリ・ショック》と名付けることにした。この時期、一般消費者の食の安全性への関心が倍増し、有機農産物に対する需要が急増する。その供給は、「大地を守る会」「ポラン広場」「らでぃっしゅぽーや」などの専門流通事業体と呼ばれる団体や、有機農産物・減農薬農産物の産直事業に熱心な生協など、「運動と事業との両立」つまり「経済的に成り立つ運動」を標榜してきた諸団体の活動に負うところが大きかった。

これに対して第三次有機ブームは、量販店、外食産業、加工食品メーカー、総合商社など、有機農産物を「付加価値商品・個性化商品・差別化商品・わけあり商品」すなわち単なる商材、新規ビジネスチャンスとみなす企業によって担われる傾向が強い。筆者の見るところ、第三次有機ブームの火付け役は、一九九三年四月から実施された農水省の「有機農産物表示ガイドライン」（正式名称は「有機農産物等に係る青果物等特別表示ガイドライン」。九六年一二月および九七年一二月に改正し、米麦を含める）である。

そして、ブームの性格を決定づけたのは、九五年六月に初来日したアメリカの官民一体のオーガニック使節団（アメリカ産有機食品の対日輸出促進事業。日本側受入れ団体はジェトロ＝日本貿易振興会）だ。彼らはその後も毎年来日し、「第三者機関によって検査され、認証されたアメリカのオーガニック食品類は、日本の《自称》有機食品類より信頼性が高い」ことを、バイヤーが大半を占める聴衆に向かって繰り返し強調した。

曰く、「日本に、農水省作成の有機農産物に対する『表示ガイドライン』があることを、われわれは知っている。しかし、ガイドラインには法的強制力がない。『ガイドライン準拠』とさえ表示しなければ、生産者は自由に有機を《自称》できる」

曰く、「アメリカのオーガニックには、そのような曖昧さはない。自然農法や生態的農法など、消費者が優良誤認するような有機類似表示は、オーガニック基準をクリアしなければ認められない。また、近々施行が予定される『九〇年農業法』第二一章（通称『オーガニック食品生産法（ＯＦＰＡ）』）には罰則が明記され、違反者には一万ドル以下の罰金、五年間にわたる有機食品取扱資格の剥奪という厳しい罰が科せられる」

曰く、「アメリカでは検査員と認証団体という、申請者に対して第三者的立場にある人と機関による検査と審査をクリアしてはじめて、当該認証団体などの認証マークの使用が許可される（第三者認証制度）」

このほか、生産・加工・輸送・販売などの関係者にはそれぞれ搬入・貯蔵・搬出記録の作成が義務づけられることから、何か問題が生じた場合には品物や送り状（インボイス）に附されたロット管理番号により、出荷ルートを逆にたどって農場や食品加工施設などを特定できる「オーディト・トレイル（audit trail）システム」が確立していることが「オーガニックと有機との大きな違い」だと、彼らは強調した。

オーディト・トレイルというのは、「猫も杓子も…」というと語弊があるかもしれないが、ＢＳＥ事件を契機にして俄《にわか》に使われ出した「トレーサビリティー（traceability）＝追跡可能性」と同義の用語だ。「農場から食卓まで」をトレース（追跡）するための「食の情報管理システム」を指す。京都大学大学院の新山陽子教授によれば、トレーサビリティーは①「記録された証明を通して、ある物品や活動について、その履歴と使用状況又は位置を検索する能力」と国際標準化機構によって定義され、②二〇〇二年二月に発効したEUの食品法の一般原則の中では「食品、飼料、動物や動物関連物質を加工した食品の生産、加工、流通のあらゆる段階を通して、それらを追跡し、遡って調べる能力」と規定されているという（『農業協同組合新聞』のホームページ。http://www.jacom.or.jp/kensyo00/02042503.html）。

偽装表示事件で明らかになったシステムの危うさ

だが、オーガニック使節団が胸を張るオーディト・トレイルも、所詮は「人」がつくった制度だ。そこに「人」が介在するかぎり、万全ではあり得ない。事実、ミネソタ州では「有機食品偽装表示事件」が起きた。

ミネソタ州農務省は一九九六年一二月、グレイシャル・リッジ・フーズ社を「詐欺および窃盗罪」（最高刑は懲役二〇年および／または罰金一〇万ドル）で刑事告発した。訴状によれば、同社は「九四年一月から九五年一二月までの二年間に慣行栽培された大麦、インゲン豆、うずら豆などの穀物・豆類総計六〇万～八〇万ポンド（約二七〇～三六〇トン）にオーガニック・ラベルを貼付してミネソタ州、コネティカット州、カリフォルニア州のオーガニック食品業者に販売し、消費者の財布から推定約七〇万ドル余を詐取した」とされている（『Natural Foods Merchandiser』誌、九七年一月号および三月号）。告発されたグレイシャル・リッジ・フーズ社幹部は犯罪事実を認めた。そして、S・ボーズ会長は

「六～一〇カ月の懲役、三万六〇〇〇ドルの罰金、および二〇年間の保護観察」、M・シャーキー社長は「一万二〇〇〇ドルの罰金、一〇〇〇時間のコミュニティ奉仕、および二〇年間の保護観察」に処せられたという（オーガニック使節団の一員として一九九七年七月に来日した、ミネソタ州農務省のK・エドバーグ氏の講演資料より要約）。

この事件について着目すべきは、「OCIAから派遣された検査員を騙《だま》すために出荷記録などを改《かい》竄《ざん》した」（ミネソタ州農務省記者発表、一九九六年一一月二〇日）ことを認証機関が見抜けなかったという《事実》である。

OCIA（オーガニック作物改良協会）は、有機農業界でその存在を知らなければ《モグリ》と言われるほど、国際的に名の知れた認証機関だ。IFOAM（国際有機農業運動連盟）の会長を務めたこともあるT・ハーディングOCIA会長（当時）も、過去にグレイシャル・リッジ・フーズ社の検査を担当したことがあった。だが、内部告発があるまで、検査員たちは誰一人として、同社の《企業ぐるみの有機食品偽装表示》を見抜くことができなかったのだ。

これは、戦後最大規模の食中毒事件（二〇〇〇年六月末発生。発症者数一万三四二〇人）を起こした雪印乳業大阪工場が、一九九五年五月に改正された食品衛生法第七条の3の規定に基づいて承認されたHACCP（総合衛生管理製造過程）承認工場だったのと同じ構図である。雪印乳業はHACCP承認申請の際、製造ラインの一部を隠して申請し、かつ、承認取得後、勝手に製造ラインの一部を変更していた。その後の調査で、食中毒の原因物質は北海道大樹《たいき》工場製の脱脂粉乳に発生した黄色ブドウ球菌の毒素（エンテロトキシンA型）であることが判明。この食中毒事件は、《いかなる制度も万全ではあり得ず、つまるところ、最後のよりどころは「人」および「企業倫理」》だという、当たり前のことを気づかせた。

他方、内部告発によってグレイシャル・リッジ・フーズ社の不正が暴かれた点については、第2章で述べたように、BSE対策（国産牛肉買上事業）をめぐる牛肉偽装事件が西宮冷蔵の水谷社長の内部告発を契機にして次々と明るみに出た日本の情況と、同じ構図である。

有機食品の偽装事件は、これだけではない。筆者が知る他の事例は、一九九七年に摘発されたペトロ・フーズ社（カリフォルニア州）の「オーガニック・オリーブ偽装事件」だ。同社はゴルフ・コース内に植えた慣行栽培のオリーブを搾り、「カリフォルニア産オーガニック・エクストラ・バージン・オリーブオイル」と偽称して販売。一万ドルの罰金を科せられた（『Natural Foods Merchandiser』誌、九七年五月号および一二月号）。

オーガニック使節団が初来日したころのアメリカでは、一九七三年にCCOF（カリフォルニア認定有機農業者協会）が自主基準に基づく認証事業を開始したのを契機にして、OCIA、OGBA（オーガニック生産者・販売者協会）など三三の民間有機農業団体が有機農産物の市場流通を前提にした自主認証事業を行い、三〇州が州法に基づくオーガニック栽培基準を制定していた（うち一一州では州政府が認証事業を実施）。つまり、アメリカの有機食品関係者は当時すでに二〇年余の認証事業の実施経験を有しており、アメリカは文字どおり「認証システム（第三者認証）づくりの先進国」だったのだ。ところが、そのアメリカで有機偽装表示事件が幾度となく再発し、内部告発されるまで発覚しなかった。

こうした事例を見れば、一見、厳格に見える第三者認証制度も、ひと皮むけば「申請書類に意図的な虚偽記載がない」ことを前提に成り立つシステム、換言すれば《申請者の自律と良識に依存する危ういシステム》であることが理解できる。大事なのは、形式より実質だ。「ガイドラインには法的強制力がない」とオーガニック使節団は日本の現状を批判した。日本の消費者団体なども、それを口にし、国に法的規制を求めた。確かに、法的規制はないよりあったほうがよい。だが、それがすべてではない。先述のミネソタ州農務省の刑事告発がよい例だ。

ミネソタ州農務省は、①慣行栽培の穀物などを有機栽培と偽って表示し、販売したことが詐欺罪に当たり、②有機プレミアム分の価値(有機栽培と慣行栽培の価格差)を消費者の財布から盗んだことが窃盗罪に当たるとして、グレイシャル・リッジ・フーズ社を「詐欺および窃盗罪」で刑事告発した。この措置は、一九九〇年の「OFPA(オーガニック食品生産法)」を根拠法として二〇〇二年一〇月二一日から施行された「(全米統一)オーガニック表示規則」が定める罰則より、はるかに厳しい。ミネソタ州農務省は偽装表示を取り締まるため、当時、同州が制定していたオーガニック関連の州法ではなく刑法を適用したのだ。

日本で、もし、関係省庁の役人が「ガイドラインでは偽装表示を取り締まることができない」と発言するなら(事実、そのように発言していると消費者団体は指摘していたが)、それは《役人の、役人による、役人のための言い訳(不作為に対する自己弁護)》にすぎない。

たとえば、雪印食品の国産牛肉偽装表示事件が二〇〇二年一月下旬に発覚したとき、全国のスーパーなど小売店はいち早く同社の商品を撤去した。日付改竄、産地偽装、賞味期限切れ商品で作る徳用総菜などの報道にウンザリ気味の消費者から見れば、「同じ穴の狢《むじな》」に映るスーパーなどが、氷山の一角でしかない《ケチ付き商品》をこれ見よがしに撤去する様子は、白々しい。しかし、マスメディア（とくに国民の約八〇％が情報源としてあげるテレビ）の影響力は大きい。

雪印食品はもちろん、その後、雪崩現象的に全国で大量発覚した偽装表示事件では、日本食品（一九六三年に設立された福岡県内最大の食肉加工メーカー）、オレンジチェーン本部（福岡県を中心に事業展開していた食品スーパー）など倒産する企業が相次いだ。自業自得とはいえ、企業は「第三の権力」と称されるマスメディアに大きく報じられることをもっとも恐れている。根拠のない風評被害を起こしてはならないが、マスメディアへの然るべき情報提供は有効な不正抑止手段になり得る。したがって筆者は、農水省、厚生労働省、公正取引委員会が連携し、智慧を出し合ってマスメディアを適正に活用すれば、ガイドラインでも偽装表示を取り締まることは十分可能だったと考えている。

《信頼のシステムづくり》を取り入れなかった農水省

他方、第三者認証制度に代わるものとして、生協や生産者団体が提案した自主的な《新しい信頼のシステムづくり》は、マスメディアの活用以上に注目に値する。生活クラブ連合会（一五都道県二二生協の連合組織、組合員数約二五万人）は「大ぜいの自主監査」を、ぐりーん・ねっとわーくジャパン（有機・エコ農業関係約三〇団体で組織する協同販売会社。以下、ＧＮＪ）は「公開監査制度」を考案し、それぞれ一九九七年一〇月、九九年四月に第一回監査を行った。前者は生協、後者は生産者団体が独自に考案した自主システムだが、期せずして考え方の骨格部分は一致する。

生活クラブ連合会は「食の安全確保を他人まかせにしない」ことを基本にし、ＧＮＪは「第三者機関が認証すれば安心なのか」と社会に問いかける意図をもち、それぞれ①生産者と消費者が「顔と暮らしの見える」交流を通じて相互理解を深め、②連帯感を醸成する産消提携のよさを活かしながら、栽培基準をつくり、記録を付け、それらを自主管理・自主監査し、③結果を情報公開することにより、従来の産消提携に欠けていた「客観性、透明性、開放性、トレーサビリティー」を確保し、④日本の有機農業の育成・普及まで視野に入れた新システムを考案して、その社会的信用形成を図ろうとしている。

両者はともに、いまなお「点」的存在である。だが、彼らは、欧米の標準システム（第三者認証）において《見ず知らず》の検査員と認証機関が職業として行う検査・認証作業を、①取引関係にある生産者サイド・消費者サイド双方の構成員が集い、②産地交流会的機能を兼備する「大ぜいの自主監査」「公開監査」によって代替し、③日本の有機農業運動の特質を踏まえた「顔と暮らしの見える」「新しい信頼のシステム」を構築しようとしているのである。人間の心理として、申請書類への虚偽記載は、東西（国産vs外来）どちらのシステムに発生しやすいだろうか？

だが、最終的に、オーガニック使節団の目論見は奏功する。

農水省はすでに述べたように、一九九九年七月にＪＡＳ法を改正し、有機食品の検査認証制度（欧米型システム）の新設を決めた。その背景には、巷間を席捲する《オーガニック賛美の論調》がある。典型的な事例をあげれば、「米国のオーガニック食品業界を見てきた者として、ORGANICを『有機』と訳すことには抵抗があります。何故なら、ORGANICを『有機』と訳すと、オーガニック食品を日本産の有機食品と同列に扱ってしまうことになるからです」（山口智洋『オーガニック食品――押し寄せる米国「食」革命の波』日経ＢＰ社、九六年）といった拝米的言説が横行した。

これこそ、まさに、アメリカ農務省が企図した《対日情報戦略（マインド・コントロール）》だ。農水省はまんまと、農務省の思う壺に嵌《はま》った。愚かというほかはない。開港を求めて一八五三年六月に来航したペリー艦隊に模して、筆者は第三次有機ブームを《平成の黒船ショック》と名付けることにした。

二　アメリカ農務省の海外有機市場開発戦略

アメリカ農務省がオーガニック使節団を日本に送り込んだ背景には、次のような日本の有機食品市場をめぐる戦略があった。

「日本の有機食品（有機農産物＋特別栽培農産物（減農薬、無農薬栽培など）＋それらを原材料とする加工食品）市場の成長はめざましい。一九九九年の市場規模は対前年比一五％増の三〇億ドルと予想されている。しかし、これまで、日本の有機食品市場は大半を国産品が占め、輸入品のシェアは四％弱にすぎない」

「日本の気候は高温多湿のため、有機栽培は基本的に困難だ。したがって、有機食品の検査認証制度が導入されると市場に出回る国産有機食品は減少し、代わりに栽培基準が緩く第三者機関の検査認証を必要としない減農薬や無農薬栽培など『特別栽培食品』が増加する。他方、有機認証マーク付きの食品に対する需要は右肩上がりだ。その傾向は今後も続くだろう。その結果（認証制度が導入されると、国産品から輸入品へのシフトが生じ）輸入有機食品に対する需要は増加するにちがいない」

ＦＡＳ（農務省海外農業サービス）がインターネット上に公開している「ＧＡＩＮレポート」（一九九九年一〇月五日号）には、このように記されている。九〇年代初めの文書の存在は確認できなかったが、九五年当時もこれに類した市場分析がなされていたにちがいない。

なぜなら、マーケティング理論の発祥国であるアメリカが、然るべき事前調査もなく、費用対効果の検討もなく、闇雲に日本に使節団を送り込むとは考えにくいからだ。筆者は「オーガニック使節団は、検査・認証・表示を中軸にして展開される欧米型有機農業運動と、生産者と消費者の提携を核にして展開されてきた日本型有機農業運動との違いを十分に理解したうえでなお、日本国民の関心を有機表示の適正化（検査認証制度の導入）の一点に収斂《しゅうれん》させる《市場開発戦略》をとったにちがいない」と推測している（詳しくは、拙稿「日本の有機食品市場をめぐる周辺諸国の政策動向」（日本有機農業学会編『有機農業――二一世紀の課題と可能性』コモンズ、二〇〇一年）参照）。

ところで、有機食品とは直接関係しないが、二〇〇一年一〇月七日、ＮＨＫ（総合）テレビがドキュメンタリー番組「ウォーターター・水を金に変える男」を放映し、アメリカ型ビジネスの《手口》を詳細にレポートしていた。概略はこうだ（以下、ナレーションを要約）。

①　身一つで世界中を駆け回るアメリカ人Ｈ・ハイデル氏は、食品衛生学の権威Ａ・レフ博士に、専門家の立場からインド政府に「（ボトル・ウォーター）安全基準」の導入を働きかけるよう要請。

②　レフ博士はインド政府職員やボトル・ウォーター業者など二五〇人を集めたセミナーで、「欧米並みの安全基準を導入しなければ、消費者の信頼は得られない」と講演。こうしたセミナーは五～六回開催され、その都度レフ博士が講演した。

③　講演に触発されたインド政府（安全基準局）は二〇〇一年三月、ついに安全基準を導入。すべてのボトル・ウォーター業者に五〇項目を超える水質検査を義務付けた。ＮＨＫの取材に対し、安全基準局のクラール副局長は「素晴らしい基準ができあがった。国際的にも見劣りのしない基準をつくりあげたと誇りに思っている」と語った。

④　安全基準の導入を歓迎したのはコカ・コーラ社だった。同社はスペース・シャトルにも搭載された最先端の水浄化装置を導入。安全基準（といってもアメリカの国内基準と大差のない基準）を満たしたボトル・ウォーター（商品名 KINLEY（Pure Drinking Water））を発売し、数カ月でインド市場の一五％にまでシェアを拡大した。コカ・コーラ・インディア社のＡ・ボンベール社長は、「最高の品質を生み出す技術力、コーラで培った販売力を併せもつ弊社が近い将来、インド市場を席捲することは間違いない」と語っている。

⑤　安全基準の導入はＨ・ハイデル氏の《思惑どおり》多くの国内メーカーに打撃を与えた。高級ホテルなどを相手に順調に業績を伸ばしてきたインドのボトル・ウォーター業者、ビクラム・カルナカラム社長は、「設備資金が手当できず、安全基準を満たせなかったために、得意先を国際資本に奪われてしまった。いま倒産の危機にある」と訴える。

⑥　そこにＨ・ハイデル氏が登場。倒産寸前に追い込まれた国内メーカーこそ同氏の商売相手。窮地に陥った国内メーカーを国際資本に売却する道筋をつけることが狙いだった。同氏曰く、「これがビジネス。安全基準の導入により小さな業者が真っ先に打撃を受ける。市場に参入して間がない中堅企業も然り。安全基準をクリアできないかぎり、市場から去ってもらうしかない。それが市場の現実だ」

ここに示されたのは《西部劇（カウ・ボーイ）的価値観》であり、《独り勝ち（Winner-Take-All＝勝者による専有）》をめざすアメリカ型ビジネス戦略だ。その戦略の基盤にあるのが、インド資本の水企業の弱点を衝く安全基準の導入である。資本力に劣るインドの中小水企業への財政的な助成措置が考慮されて然るべきだったが、インド政府安全基準局は愚かにも厳格な規制のみを導入。まんまとＨ・ハイデル氏の術中に嵌《はま》ってインドの中小水企業を廃業に追いやり、結果的にコカ・コーラ・インディア社の将来的な独り勝ちを許す法的基盤づくりに加担することになったのである。

これと同じことが、「有機ＪＡＳマーク制度」（有機食品の検査認証制度）の導入に対しても言える。この制度は、先述のように、改正ＪＡＳ法に基づいて導入され、試行期間を経て二〇〇一年四月から本格運用されている。第3章（一四五ページ）でも触れたが、たとえば「有機トマト」と表示するためには、農林水産大臣の認可を受けた登録認定機関（第三者機関）の審査に合格したことを証明する「有機JASマーク」の貼付が義務付けられる。違反すれば、①マークの不正使用には「一年以下の懲役又は一〇〇万円以下の罰金」、②マークを貼付せずに有機トマトと表示して販売し、農林水産大臣の改善命令に従わなければ「五〇万円以下の罰金」が科せられる。

この制度については、有機表示の適正化を求めてきた消費者や消費者団体がいち早く歓迎の意向を示した。流通・小売・加工食品・外食産業など有機農産物のユーザーたちも、歓迎した。インド政府安全基準局と同じく、農水省もCODEX基準に準拠した「適正な有機栽培基準と検査認証制度を導入」できたと胸を張り、「一件落着」だと無邪気に喜んだ。しかし、その皺寄せ（有機認証にかかわるコスト負担）はすべて有機農業生産者に被せられ、貧乏籤《くじ》を引かされることになった。

三　生産振興政策なき食品表示規制行政

木を見て、森を見ず

筆者も法律に基づく食品の表示規制は必要と考えている。表示に嘘があってはならないからだ。ガイドラインでも活用の仕方によっては相当程度、有効に機能させられるが、やはり法的規制はないよりあったほうがよい。

ただし、それには条件がある。「表示の混乱に関しては交通整理する。ガイドラインで不十分なら検査認証制度をつくる。しかし、生産者の農法転換努力に見合うだけの価格付けがなされるか否かは市場の動向次第。保証のかぎりにあらず。行政は関知せず」というのでは、農政担当部局としてあまりに無責任だ。国の農政としての体を成していない。

もっとも、この点については、政府委員として国会答弁に立った福島啓史郎・農水省食品流通局長（当時、現在は自民党参議院議員）は次のように述べている。

「消費者モニター等の調査によれば、①八割以上の消費者が通常の野菜等と比較して割高であっても有機農産物を購入したい、②六割以上の消費者が（検査認証制度が導入されれば）認証された有機農産物を積極的に購入したいと回答しており、生産者が負担する認証コスト等の価格への転嫁は基本的に可能であると考えられる」（答弁の主旨を損なわぬよう配慮し、筆者が要約）。

これは、一九九九年四月二七日および五月六日の参議院農林水産委員会での説明だ。しかし、この認識には二つの大きな見落としがある（詳細については、前掲の拙稿「日本の有機食品市場をめぐる周辺諸国の政策動向」を参照されたい）。

第一は、福島局長はじめ農水省行政官たちの関心が表示規制に偏り、「木」（表示＝個別的合理性）を見て「森」（市場経済＝個別主体間の多様な相互関連性）を見ない点だ。経済の国際化時代に《孤立国》はあり得ない。彼らにはこの現実認識が欠落している。

図2に示したように、アメリカ、中国、オーストラリア、ニュージーランドなど、日本の有機食品

市場をターゲットにした「輸出指向型」有機農業を展開する国々が日本を包囲している。韓国の有機農業は基本的に輸出指向型ではないが、流入する中国産の緑色食品や有機食品に対する経営自衛策として、活路を日本の有機食品市場に求めざるを得ない状況に陥る可能性がある（玉突き的、緊急避難的な輸出）。ちなみに、アメリカの有機農場の平均面積は約一三七ha（畑・草地合計、二〇〇一年、農務省資料）、オーストラリアのそれは約七八三ha（うち有機農業実施面積は約二三五ha（一九九五年）、クイーンズランド州政府資料）、中国の一日あたり農業労働賃金は四八〇円で日本の一二分の一以下だ（橋本慎司「アジアの有機農業と国際有機農業運動」『アジア発＝持続型農業と環境シンポジウム』レジュメ、二〇〇〇年一一月）。

明らかに、これでは、日本の有機農業に勝ち目はない。農水省が胸を張るように、有機ＪＡＳマークの信頼性が高まれば高まるほど、一般消費者は①有機ＪＡＳマークを「農水省お墨付きの安全・安心な食べ物」と捉え、②「同じ安全性なら安いほうがよい」と安価なほうを選択するにちがいないからだ。生産者との顔と暮らしの見える関係を築いてきた《固定票的消費者》ならいざ知らず、表示を見て買うだけの大方の《浮動票的消費者層》には、国産より安価な有機ＪＡＳマーク付き輸入有機食品の購入をためらう理由はない。もっとも、ＢＳＥ事件以降、地に落ちた農水省への信頼があればの話だが……。

第二は、福島局長が先述の参議院農林水産委員会で「表示の充実と生産対策の充実を車の両輪として進める」と説明したにもかかわらず、いまだに適切な有機農業振興策が整備されない点だ。

めぐる周辺諸国の政策動向

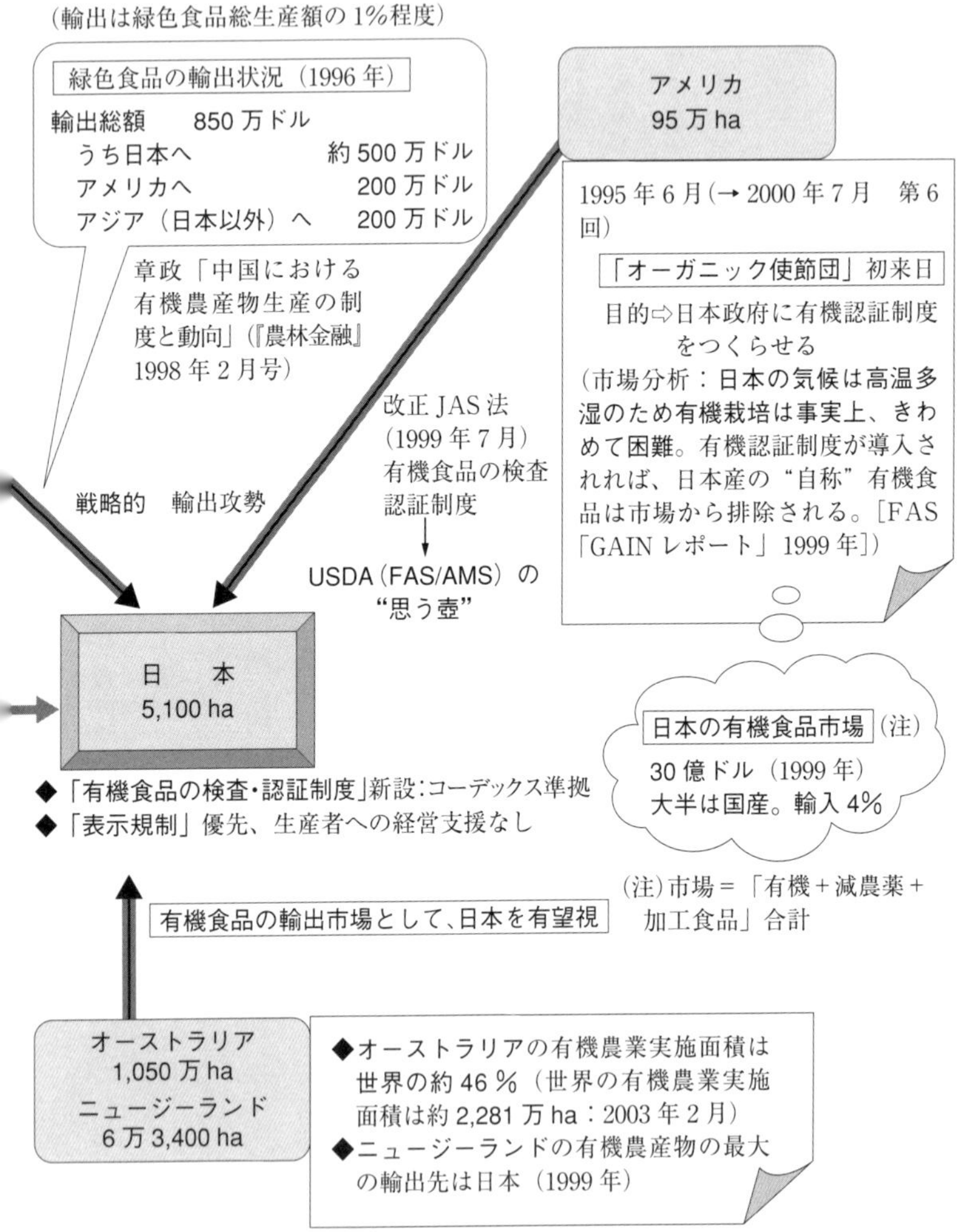
(輸出は緑色食品総生産額の1%程度)
緑色食品の輸出状況(1996年)
輸出総額 850万ドル
うち日本へ 約500万ドル
アメリカへ 200万ドル
アジア(日本以外)へ 200万ドル
章政「中国における有機農産物生産の制度と動向」(『農林金融』1998年2月号)
戦略的 輸出攻勢
アメリカ
95万ha
1995年6月(→2000年7月 第6回)
「オーガニック使節団」初来日
目的⇨日本政府に有機認証制度をつくらせる
(市場分析:日本の気候は高温多湿のため有機栽培は事実上、きわめて困難。有機認証制度が導入されれば、日本産の“自称”有機食品は市場から排除される。[FAS「GAIN レポート」1999年])
改正JAS法(1999年7月)有機食品の検査認証制度
USDA(FAS/AMS)の“思う壺”
日 本
5,100 ha
◆「有機食品の検査・認証制度」新設:コーデックス準拠
◆「表示規制」優先、生産者への経営支援なし
日本の有機食品市場(注)
30億ドル(1999年)
大半は国産。輸入4%
(注)市場=「有機+減農薬+加工食品」合計
有機食品の輸出市場として、日本を有望視
オーストラリア
1,050万ha
ニュージーランド
6万3,400 ha
◆オーストラリアの有機農業実施面積は世界の約46%(世界の有機農業実施面積は約2,281万ha:2003年2月)
◆ニュージーランドの有機農産物の最大の輸出先は日本(1999年)

(注)とくに断らないかぎり、各国のインターネット・ホームページに掲載されていた情報を用いた。国名ラベルに附した数値はSÖL資料に示された2003年2月現在の有機農業実施面積(10の位で四捨五入)。

図2　日本の有機食品市場を

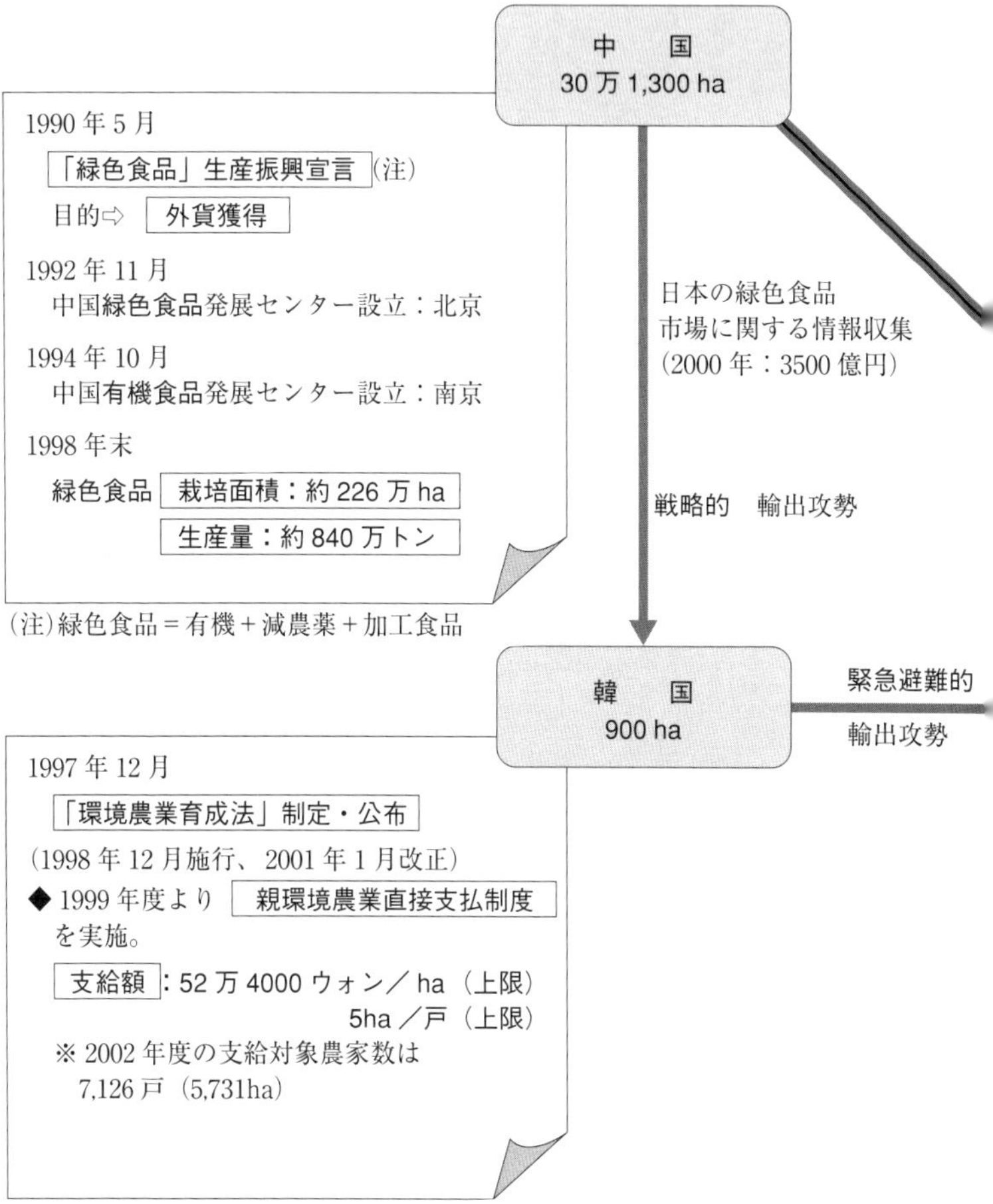

（参考）全世界の有機食品市場規模（推計）：1997年110億USドル⇨2000年160億USドル⇨2001年190億USドル。大半は西ヨーロッパ、アメリカ、日本での売上げ（Yussefi, M. and Willer, H. eds., *The World of Organic Agriculture 2003 : Statistics and Future Prospects,* SÖL［Foundation Ecology & Agriculture］, 2003.）。

検査認証制度にはさまざまなコストがかかる。検査員に支払う検査料や旅費、認証機関に支払う審査料などの直接的な費用に加えて、申請書類づくりに要する「機会費用」がかかる。ここでいう機会費用とは、「申請書類の作成に要したデスク・ワークの時間を他の作業に振り向ければ、それによって得られたであろう所得推計額」のことで、デスク・ワークの多寡に比例する。認証申請に必要な栽培管理記録などの書類は圃場ごとに作成しなければならないため、所有地や借入地が近隣各所に散在する分散錯圃を特徴とする日本農業の場合、申請に要する書類の枚数とデスク・ワーク時間は膨大になる。筆者の知る有機農業生産者は「野菜作りをしているのか、書類づくりをしているのか、わからない」と、例外なく、生産現場を無視した農水省のやり方を批判している。

この点については、小規模経営に冷たいといわれるアメリカ農務省でさえ、①年間販売粗所得額五〇〇〇ドル以下の有機農業生産者に対しては、当該生産者の栽培方法が法律で定めたオーガニック栽培基準をクリアしているかぎり「第三者認証を免除」し、また、②歴史的に作物共済制度への加入率が低いコネティカット州、デラウェア州、ニューヨーク州など一五州の有機農業生産者に対しては、認証費用の七五%(最大五〇〇ドル)まで補助するという政策的配慮を行っている(Federal Register, Vol. 67, No.165, August 26, 2002)。だが、日本の農水省には、二〇〇三年七月末現在、そうした配慮をみせる気配はない。

認証コスト以上に重要な問題は、農業政策における有機農業の位置づけだ。有機農産物を「単なる付加価値商品」とみなせば、多くの人が考えるように、有機表示に付随するプレミアム(割増価格)を手にする生産者が利益受容者として認証コスト（直接的な費用＋機会費用）を負担するのは当然であろう。また、有機農産物を購入し、その恩恵（食の安全・安心感の享受）にあずかる一部の消費者が商品（モノ）に対する対価を支払い、認証コスト類の最終負担者となるのは、当然かもしれない。だが、有機農産物は果たして「単なる付加価値商品（モノ）」だろうか。

もし、「有機農業は環境への負荷軽減に資する農業」という命題が成り立つなら、《有機農業は「結合生産物」（たとえば、肉牛飼育の経営目的は牛肉生産だが、肉牛は牛肉以外に牛皮や牛糞も生産してくれる。両者は切り離せない。このとき、牛皮や牛糞を牛肉の結合生産物という）として、環境への負荷軽減という「便益（サービス）」を生産している》という立言も成り立つはずだ。

有機農業の普及によって硝酸性窒素による地下水汚染、農薬による水・土壌・大気汚染が軽減されるなら、そうした恩恵（外部経済＝環境便益）は有機農産物を購入しない消費者も等しく享受する。しかし、現実には、有機農産物を購入する消費者が環境便益を含むプレミアムを個人の財布から支払い、有機農業生産者の経営（所得）を部分的に支え、農法の持続性（サステイナビリティ）を支援してきた。明らかにここには、環境便益に対する非購入者の《タダ乗り》（公共経済学でいう「非排除性」）が生じている。

ちなみに、一九九八年五月、環境庁（当時）が「環境ホルモン（外因性内分泌攪乱化学物質）」の当面の「容疑者」として公表した六七の化学物質のうち四四が農薬である。そのうち二〇農薬は、現在も慣行栽培で「安全性が確認された登録農薬」として使用され続けている。また、第4章で見たように、野菜の硝酸汚染は無視できない状況だ。

再論＝有機農業に直接支払制度を

便益享受に対する負担は公平でなければならない。タダ乗りを防止し、負担の社会的公平性を社会システムとして確保する方法の一つは、有機農業への農法転換およびその継続に付随する生産リスクの軽減に農水省が積極的に関与し、有機JAS認定農産物をプレミアム商品にしない多様な施策を講じることである。

なぜなら、有機農業に対する先の命題を「真」とし、有機農業が結合生産物として産出する環境便益の存在と、それらの等しい国民的享受を「事実」と認識するのであれば、有機農業の経営と農法の持続性を確保するための諸コストは社会全体で等分に負担するのが社会的公正の観点(公共経済学の理論的見地)から判断して妥当と考えられるからだ。有機農業に適した作物の品種改良、農薬に頼らない病害虫防除技術の開発、有機農業生産者への直接支払制度や有機農業を対象とした農業災害補償制度(農業共済制度)の導入は、その一例である。

このような研究開発や施策は、第1章図9で示した「日本の農業を農薬・化学肥料多投型農業に変質させた七つの道筋」を改善し、あるべき姿の農、あるべき姿の食として、有機農業および有機農産物を日本全国に普及させる近道でもある。お隣の国・韓国では、第3章でも紹介したように、金大中政権の下で韓国農政史上二人目の「学者」農林部長官となった金成勳氏が強いリーダーシップを発揮して、一九九九年度から「親環境農業直接支払制度」すなわち「有機農業や減農薬栽培に取り組む生産者に一定の所得を補償する制度」を導入している。

金成勳氏は、高潔な人格・豊かな学識・卓越した官僚統率力の三拍子を備え、退官後、市民団体などから「Best of Best 長官」「韓国を率いた官僚ベスト一〇」などに選ばれた、文字どおりの傑物だ。同氏は親環境農業に対する直接支払制度の導入理由を、第3章で先述したように、①「ソウル市をはじめ一五〇〇万首都圏住民の生命線である上水源を農薬・化学肥料等による汚染から守る」ため、②「生産農民が営農行為を親環境的に行うことによって生じる各種環境効果は、大部分が国家と社会、非農民に帰属し、享受されている」ためとしている。だが、不幸にして、日本には、金成勳氏のような優れた農林水産大臣は過去にも現在にも見あたらない。

この点に関連して、日本では次の四つの提言や制度がある。これらには、深浅の差はあるが、筆者も研究者の立場から資料提供などの形でかかわりをもった。

① 全国産直産地リーダー協議会が二〇〇〇年二月に出した『二一世紀日本農業への提言――エコ農業構想』。

② 「有機農業と緑の消費者運動」政策フォーラムが〇一年六月に行った『有機農業・エコ農業中心の農政の確立とそれらを支援する消費者層の創出・拡大のために』と題する政策提案(日本有機農業学会編『有機農業――政策形成と教育の課題』(コモンズ、二〇〇二年)に「資料1」として収録されている)。

③　民主党が二〇〇一年七月に作成した『持続性の高い農業生産方式の導入の促進に関する法律の一部を改正する法律案』で提示した、有機農業など環境への負荷軽減に資する農業実践者への「直接支払制度の新設」。

④　滋賀県が二〇〇三年三月に制定した『滋賀県環境こだわり農業推進条例』。この条例では、「(環境こだわり農業)協定を締結している農業者等に対し、……必要があるときは経済的助成その他の支援を行うことができる」(第二四条)と明記し、県独自の直接支払制度を〇四年一月一日から導入することを決めた。都道府県が条例を制定し、生産者等(県と協定を結んだ生産者、生産法人、集落営農組織など)への直接支払を実施するのは、滋賀県が最初である。

しかし、農水省の反応は鈍い。二〇〇二年六月六日の参議院農林水産委員会においてもなお、西藤久三・農水省総合食料局長は「(有機JAS)認定手数料にかかわる直接的な支援というのはなかなかむずかしい」と、紙智子議員(共産党)の国会質問に対して答えている。

とはいえ、高まる制度要求の声には抗しきれず、環境保全型農業対策室は二〇〇二年九月末からアメリカ、EU諸国、韓国などにおける政策推進状況調査を開始した。「民主党・郡司彰議員らが、環境保全型農業に対する直接支払い制度を盛り込んだ『持続性の高い農業生産方式の導入の促進に関する法律』改正案を二度にわたって参議院に提出した経緯があることから、政府としても環境保全型農業推進政策のあり方を検討するための情報収集を確実に行っておく必要がある」というのが、その理由である。だが、半年以上が過ぎた〇三年七月現在も、農水省内の議論は《勉強会》のレベルにとどまったままだ。

以上、概観したように、有機ブームはほぼ一〇年おきに生じた。しかし、残念ながら、その関心は《有機農業（農法および生産者）⇩有機農産物（商品）⇩有機食品の検査認証制度（表示の信頼性）》へと変容。三〇余年の歴史を有する産消提携（有機農業）運動がめざした生産者と消費者の「顔と暮らしの見える有機的な人間関係」は片隅に追いやられ、代わって表示（有機ＪＡＳマーク）を媒介にして差別化商品を売買するだけの「顔も暮らしも見えない無機的な人間関係」が市場を席捲する状況に陥っている。

ＢＳＥ事件を契機にして、農水省は「『食』と『農』の再生プラン」を発表し、「消費者に軸足を移した農林水産行政を進める」ことを公約した。だが、吟味しなければならないのは、すぐ後に述べるように、軸足を据えるべき消費者の「質」だ。その選択を誤ると、有機農業もまた浮動票的消費者層の《気紛れ》に翻弄されることになる。

気紛れな浮動票的消費者層

一九九三年産米が記録的な異常気象（冷夏と日照不足）により大凶作（作況指数七四の「著しい不良」）に陥ったとき、浮動票的消費者層がとった行動が、格好の事例だ。記憶している人も多いと思うが、この年の収穫量は九二年産米を約二七〇万トンも下回る約七八〇万トンに落ち込んだ。一〇月末の政府在庫は二三万トンしかなく、海外から約二六〇万トンの米を緊急輸入する異常事態となる。

日ごろから食と農のあり方を考え、生産者との顔と暮らしの見える関係を築いてきた固定票的消費者は、「うどん、パン、スパゲッティなどの代替品で急場を凌ぐ智慧」や、「エンドウ豆、サツマイモ、キノコ、根菜類を《増量材》として加えた豆ご飯、イモご飯、キノコご飯、炊き込みご飯などを美味しくいただく智慧」を発揮した。しかし、そうした「生活の智慧」に欠ける浮動票的消費者層は国産米を求めて米屋やスーパーに殺到。長蛇の列をつくり、マスメディアは「平成の米騒動」と書き立ててパニックを煽った。

その様子は、二〇年前の一九七三年一〇月六日に勃発した第四次中東戦争を契機とする原油価格の高騰(第一次オイル・ショック)によるモノ不足、狂乱物価(福田赳夫・大蔵大臣(当時)の造語)のときと酷似していた。当時、人びとはトイレット・ペーパー、合成洗剤、砂糖など店頭から次々に姿を消す商品を求めて殺気立ち、一一月二日には兵庫県尼崎市のスーパーで、転倒した主婦が商品に殺到する人びとに踏みつけられて重傷を負う事故さえ起きている。

米不足に懲りた一部の浮動票的消費者層は翌春、特別栽培米を産直で購入する生協・専門流通事業体・共同購入グループなど、マスメディアが報じた、いくつかの「平成の米騒動とは無縁だった団体」への加入に走った。ヤミ米がなかば公然と横行し、当時すでに食糧管理法は有名無実になっていたが、法制度上は生産者と消費者の米の直接取引は禁止され、一九八七年九月から有機や減農薬など特別な栽培方法で栽培された米(特別栽培米)だけが、申請書類を食糧事務所・所長に提出し、その承認を得ることを条件に、産直が認められていたからだ。どこで聞きつけたのか、筆者の知る複数の有機農業生産者のところにも、多数の浮動票的消費者が産直契約への参加を求めてきた。筆者は「一過性の現象だから断ったほうがよい」と忠告した。

一九九四年産米は一転して、戦後五番目の大豊作（作況指数一〇九）を記録する。収穫を一カ月後に控えた八月、「今年は豊作らしい」との情報が流布されると、案の定キャンセルが相次いだ。宅配送料を含めると、場合によっては慣行栽培米の二倍近い価格になる特別栽培米を、新規契約者たちは敬遠し始めたのである。

浮動票的消費者層全体がこのように身勝手だとは思わない。だが、この話を聞いて筆者は、有機農業生産者の人のよさに付け込む彼らの横暴を不快に思った。

数の上では、残念ながら、浮動票的消費者層が固定票的消費者を圧倒的に凌駕している。前者の購買行動（買い物という投票行為）が適正であったなら、日本の農と食は現在、世界中が羨む理想的な姿になっていたはずだ。第１章図９に示した「安全性に不安のある農畜産物の氾濫」に至る「七つの道筋」は描けなかったはずだ。しかし、現実は、第１章図６「最終消費された飲食費の帰属割合」（二八ページ）に示されるように、「国内生産者を豊かにしない食べ方」が選択され、日本の農業・農村は窮地に陥っている。

農水省に欠けているのは、日本の有機農業運動を主導し、今日までその運動を担い続けてきた心ある人びとの声に耳を傾ける謙虚さである。彼らは、嘘つき表示を市場から一掃するための検査認証制度は必要としつつも、同時に、有機農業の健全な発展を願う人びとと連携して精力的に国会議員に働きかけ、次のような文言を「附帯決議」に盛り込ませることに成功してきた。

① 一九九三年のJAS法改正においては、衆議院（六月二日）および参議院（六月一〇日）で、「有機農業の農政上の位置づけ及び今後の展開方向を明確にするとともに、有機農業の振興を図るための方策を検討すること」（両院同文）。

② 一九九九年のJAS法改正においては、参議院（五月六日）で「有機農業の健全な発展を図るため、地域の実情を踏まえた振興政策を早期に確立すること」、衆議院（七月一三日）では「有機農業の今後の展開方向を明確にするとともに、有機農業への取組みを助長するための振興方策を講じること」。

このように有機農業の健全な発展を願う人びとは、有機農業にかかわる食品表示規制行政と生産振興政策（とりわけ生産者に対する直接支払制度の導入）とはワン・セット、不離不可分のものとして捉えている。しかし、農水省はその声を聞かず、全会一致の国会附帯決議も軽視して、行政にとって都合のよい有機食品の検査認証制度の導入をもって一件落着としたのである。

詳細に見れば、農水省は有機農業などを対象にした「持続的農業総合対策事業」を二〇〇〇年度から五年計画で実施している。だが、その内容は前述の声や附帯決議の精神とはほど遠く、「地域に適した生産方式の実証、技術習得のための講習会、当該生産方式導入の拠点となる施設整備等を行う事業」程度の枝葉の施策にとどまっている。

直接支払制度の導入を求める声に対して、農水省がいつまで「知らぬ顔の半兵衛」を決め込むのか知らないが、このまま不作為状態を続ければ、図2（二一八〜二一九ページ）に示したように、日本の有機食品市場をターゲットにした周辺諸国からの《戦略的輸出攻勢》の前に敗北し、日本から有機農業が姿を消す日が近いと言わざるを得ない。

たとえば、ＣＳＡ運動の手本となり、第一次有機ブームを担った産消提携グループも九〇年代中葉ごろから、以下のような事情で往時の活力を喪失しはじめている。①学習会活動の停滞などによる運動意識・参加者意識の風化。②リーダー層の高齢化（次世代へのバトン・タッチの失敗）。③女性有職率の増加に伴う担い手不足。④新規加入者数を上回る脱退者数などの問題。

その原因はおそらく、ⓐ近年の学生運動の低迷にも端的に表れているように、若年層をはじめ日本社会全体が《関係性の簡素化》を求める傾向（他人とのかかわりを忌避する傾向）を強めていること、ⓑ有機農産物などの入手が飛躍的に簡便化された（往時は産消提携グループに加入しなければ入手困難だった）こととも関係があると思われる。生産者と消費者の顔と暮らしの見える有機的人間関係の創造を運動の柱に据えた産消提携運動においてさえ、時間の経過とともに担い手の意識が変容し、産直・共同購入運動に付随するさまざまな作業（荷分け作業、事務分担、援農など）を負担に感じる会員が増え、《固定票の浮動票化現象》が生じてきたのである。

こうした現象への対策の一つは、産消提携の精神を活かしつつ、そのシステムを弾力的に運用することであろう。たとえば「かごしま有機生産組合」（生産者数、約一五〇名）は一九九一年、鹿児島市内に直売店「地球畑」（現在、三店舗）を開設して「浮動票の固定票化」を図り、県産有機農産物および同加工食品に対するファン層を着実に広げている。また、ある生産者グループは共同購入と戸別宅配とを併用し、消費者ニーズの多様化に積極的に対応している。戸別宅配に伴う仕分け・箱詰め作業は労力増加につながるが、宅配を契機に口コミで消費者の輪が広がり、新たな共同購入班の結成に発展することを生産者は期待しているのだ。ただし、残念ながら、こうした試みは少数事例にとどまっている。

このような状況にある日本市場に、海外から「農水省お墨付きの安全・安心な食べ物」すなわち「有機ＪＡＳマーク付き有機食品」が流入したらどうなるか。その結果は火を見るより明らかであろう。いま、農水省がなすべき喫緊の施策は、①有機農業など環境負荷軽減に資する農業に対する積極的な支援（直接支払制度の導入など）と、②浮動票的消費者層への啓発対策、すなわち次項で述べる「二一世型キッチン・カー戦略」である。

3　二一世紀型キッチン・カー戦略による食と農の再生

一　米を食べるとバカになる？

粉食奨励の国会決議

あまりに馬鹿々々しすぎて話にならないが、「米を食べるとバカになる」と信じられた時代があった。昭和三〇年代のことだ。米食批判のパンフレットが小麦食品業界の手で何十万部もばらまかれ、国民もその詭弁に翻弄されたという。パンフレットの存在は確認できなかったが、高嶋光雪氏の『日本侵攻 アメリカ小麦戦略』(家の光協会、一九七九年)には、そのように記載されている。

また、一九九二年に「頭脳パン」なるものを復活させた伊藤製パン株式会社のホームページ(http://www.ito-pan.co.jp/)には、「パンを通じて日本民族の頭脳と身体の健康に寄与する事を目的」(第三条)に六〇年七月に発足した「頭脳パン連盟」規約と、次のような頭脳パンの宣伝文が紹介されていた(原文のまま)。

「◇ずのうパンとは小麦粉一〇〇g中ビタミンB_1を一七〇ガンマー以上含有した頭脳粉で作られたパンです。◇小麦ビタミンB_1があたまをよくするとは「頭のよくなる本」の著者慶大教授林髞博士の学説です。◇ずのうパンはこの学説に基づいて作られております。◇ずのうパンを毎日良く食べてよく勉強して優秀な成績を上げて下さい。——頭脳パン連盟」

経緯はこうだ。一九五三(昭和二八)年一二月一五日、衆議院本会議で「食糧増産並びに国民食生活改善に関する決議案」が与野党・全会一致で可決された。議事録には「総員起立。よって本案は全会一致で可決いたしました」と書かれている。その内容は巻末【参考資料⑥】(二七三ページ)に示したように、「粉食」すなわち小麦粉を加工したパンや麺類を奨励し、「粒食」すなわち米食偏重の食慣行からの脱却を図ろうとするものであった。

その日、荒舩清十郎《あらふねせいじゅうろう》議員が緊急動議を提出して「佐藤榮作《えいさく》君外二百名提出の決議案の審議」を要請。降旗徳弥議員が各会派を代表して、次のような趣旨弁明を行った。

①「第二次世界大戦並びに終戦直後の数年を通じて、我が国は不足する多量の食糧を外国に依存し、毎年一五〇〇億円以上の食糧を輸入している。その半額が外米の輸入代金だ。政策的に米食率を操作し、これを外麦(輸入小麦)に切り替えれば、数百億円もの財政余裕金が生ずることになる」

②「米を偏食する日本人の食生活は澱粉質食糧の過食に陥り、脂肪並びに蛋白質等の摂取不足のために栄養的に不完全な状態にある。この事情は水田単作地帯の住民の健康状態が一般に不良であり、かつ死亡率が高いことによっても証明ができる。すでに多くの識者が、米食偏重の習慣を打破すべしと主張している」

③「明治初期の我が国の人口は三〇〇〇万人。このうち白米を常食とした者は二割弱。八〇〇〇万国民がことごとく白米の配給を受け、かつこれを食らうに至ったのは最近のこと。米食は決して数十年、数百年を通じて維持されてきた日本国民の慣習ではなかった」

④「政府及び国会には、米食偏重を打破し、美味にして低廉なるパン食、うどん食の指導・普及を徹底させ、国民の食生活改善を図る責任がある」

⑤「刻下の重要国策である食糧総合増産の達成と、米食の偏重を打破して合理的・栄養的なる新国民食を確立してこそ、民族の将来と国運の前途に大なる光栄と期待を望むことができると固く信ずる」

(以上、趣旨を損なわない範囲で筆者が要約し、傍点も附した)

表１　粉食奨励・礼讃の背景と経過

年	月 日	主　体	内　容
1953	12.15	国会(衆)本会議	食糧増産並びに国民食生活改善に関する決議
1954	01.30	国会(参)本会議	保利茂(農林大臣) 「昨年暮れの衆議院でも本会議で決議せられておりまするその趣意は、少くとも国民が余り米に頼りすぎてはいけないという……決議であったろうと思います」 「(消費者の方々に)米よりも麦を食べたほうが栄養的にも経済的にも有利であるということの認識を持って頂くような基礎条件を作ることが、私は最も大だと考えておる次第でございます」
1955	01.24	国会(参)本会議	河野一郎(農林大臣) 「政府と致しましては、米麦の増産はもちろんのこと……どこまでも粉食を十分に奨励して参り、総合的に食糧の自給体制を確立して参るように致したい……」
	04.30	国会(参)本会議	河野一郎(農林大臣) 「朝鮮、台湾から戦前におきましても一千万石以上のものを移入いたしておりましたし、人口も急激に増加して参りましたことでございますから、米によってこれを全部満たすということは、なかなか困難……」「従いまして、食生活の改善によりまして、粉食にこれを置き換えるということの必要でありますることは……私も……同感」 「(その対策の一つとして)学校給食等によりまして、最近は……米食が粉食に置き換えられておりますることは、年々の米の収穫量に対する輸入量の実績の示すところによりましてもおわかり頂ける……と思うのであります」
	05.31	国会(衆)大蔵委員会	藤枝泉介(大蔵政務次官) 「粉食奨励について両院において非常に強い御決議があった。また我が国の食糧事情から致しまして、粉食奨励に努力いたさなければならぬことは当然であります」
1956	02.04	国会(参)予算委員会	河野一郎(農林大臣) 「昨年の豊作から……やみ米(の価格)が下がって参りましたので、……せっかく粉食に転換しましたものが非常に消費が減ってまいりました……」

	10.10	厚生省＋日本食生活協会	栄養指導車（キッチン・カー）全国巡回開始。60年末まで続き、以後、都道府県が引き継ぐ。「米は塩を運ぶ車、粉食は蛋白質を運ぶ車」
	11.29	国会（衆）外務委員会	松本七郎（衆議員） 「日本人は米を食い過ぎるという傾向が強すぎると思うのです。……しかし、米を食い過ぎることが体のために悪いから、粉食の方がよろしいのだ、こう言っても、……経済的な余裕がない人に……これは実行できないと思う」
1957		厚生白書 昭和31（1956）年度版	「国民の一般食生活は、まだ米麦、特に米食依存度が高いため、良質の蛋白、脂肪、ビタミンA、B_1、B_2、カルシウム等に欠け易く、これらの栄養素の不足からおこる身体上の欠陥はかなり見られ、特に農村に顕著であって、米食中心、白米の多食という食生活の欠陥を如実に示している」 「最近までかなり伸びてきた粉食も、米食に比べて割高であることと、この二年間の豊作事情等により、その増加傾向は頭打ちないし低下する兆しを見せてきたことを考慮すると、この米食中心による弊害がさらに大きくなることが憂えられる」
	03.18	国会（衆）社会労働委員会	八田貞義（衆議員：後の第2次池田内閣（1962年7月〜63年7月）の内閣官房副長官） 「私は現在配給になっておる白米は不完全食だと、これは学問的見地からはっきりと決めることができると思うのです。……主食という概念で配給する以上は、正しい学問的な根拠に立っての主食であるべきだと考えるのです」
	09.05	天声人語（朝日新聞）	「▼胃拡張の腹一ぱいになるまで米ばかり食うので、脚気や高血圧などで短命の者が多い。津軽地方にはシビガッチャキといって、めし粒を食ったコイや金魚のようにブヨブヨの皮膚病になる奇病さえある▼日本では米を“主食”というが、今の欧米人は畜産物が主食で穀物が副食物だ。五〇年前まではアメリカの農民も穀物の方を多く摂ったが、今では肉、牛乳、卵などの畜産物を主食にするのが世界的な傾向だ。その点で日本は百年も遅れている」
1958	02.27	国会（衆）社会労働委員会	堀木鎌三（厚生大臣） 「食糧が不足のときに、せっかく粉食の癖がつい

			たのが、また(米食偏重に)戻りつつあるのではなかろうかというような点を憂慮……。私が厚生大臣でおります限りは、この面(栄養指導車等による食生活改善指導)はもっと強化して参ることをお約束いたします」 中山マサ(衆議員) 「子供たちにしっかり粉食を好む習慣を打ち立てていく……ことに厚生省は御努力賜りたい」
	03.11	天声人語(朝日新聞)	「▼近年せっかくパンやメン類など粉食が普及しかけたのに、豊年の声につられて白米食に逆もどりするのでは、豊作も幸いとばかりはいえなくなる。としをとると米食に傾くものだが、親たちが自分の好みのままに次代の子供たちにまで米食のおつき合いをさせるのはよくない。ミネラルも一般に不足しがちだが、ちかごろ駅などで牛乳をガブガブのむ人が多くなったのは、体質改善には良き風景である」
	09.25	林髞(慶応大学医学部教授)	『頭脳——才能をひきだす処方箋』カッパ・ブックス(光文社) 「せめて子供の主食だけはパンにした方がよい」 「白米で子供を育てるということは、その子供の頭脳の働きをできなくさせる……」
1959	02.24	国会(参)文教委員会	橋本龍伍(文部大臣) 「日本の国内で一番地域的に短命なのは秋田の米作地帯である。四〇代になって卒中が非常に多い。それは米の過食のせいだということは……わかっている……。学校給食で国民の食習慣を改めて、栄養改善、体質改善に資していく……それが粉食の奨励である」 坂本昭(参議員) 「大飯食らいというのは大バカやろうのもとになるもの……。農村では飯を食ったらすぐ寝てしまう、勉強もできない……、食生活の改善ということの中にデモクラシーというものの発達も含まれているのじゃないか……」
	07.28	天声人語(朝日新聞)	「▼栄養審議会では日本人の『食糧構成』について厚生大臣に答申を出した。一口にいうと、米食を減らして小麦の粉食をふやし、農家では油脂類を自家消費できるように増産し、有色野菜をもっ

			と食べるとよい、というにある▼池のコイや金魚に残飯ばかりやっていると、ブヨブヨの生き腐れみたいになる。パンクズを与えていれば元気だ。米の偏食が悪いことの見本である。若い世代はパン食を歓迎する。大人も子どもの好みに合わせて、めしは一日一回くらいにしたほうがよさそうだ」
1960		厚生白書 昭和34(1959)年度版	「減少傾向を続けているとはいえ、昭和三三年では消費熱量の七一%までが穀類から摂取され、しかも、ここ数年間の米の豊作の影響を受けて、白米の消費量が多く、いわゆる米食偏重の食生活を続けている……」
	09.20	中山誠記(農林省農業総合研究所)	『食生活はどうなるか』岩波新書 「日本人の食生活水準が国際的な低位性を脱し、本格的な上昇への途を辿るためには、根強い食習慣となっている米食の壁を破ることが必要のように思われる」 「私は将来の日本農業にとって米は必ずしも有利な作物ではないと判断しているが、一面、栄養的にいって米に大きな欠陥があるとも思えない。栄養学者の間でさえ、澱粉質食品として米と小麦の間に優劣の差はないという有力な説があるくらいで、米を食べると頭が悪くなるとか、胃癌にかかり易いとかいう説は感情論の域を出ていない。現在明らかにされている米の栄養的な欠陥は、精白によってビタミン B_1 が著しく減少すること、従って脚気の原因になり易いということのようであるが、それならばビタミンの強化によって容易に解決される問題であろう」
	10.10	林髞(慶応大学医学部教授)	『頭のよくなる本――大脳生理学的管理法』カッパ・ブックス(光文社) 「試験の二ヵ月ぐらい前から、白米はやめるべきです」
1961		厚生白書 昭和35(1960)年度版	「国民全般に対しては、キッチン・カー、各種の講習会、座談会などを通じて、日本人に現在最も不足していると思われる乳と乳製品、大豆と大豆製品、油脂などについて、その摂取の増加をはかるよう指導するとともに、粉食の奨励と相まって、米食依存の食生活から脱却させるよう努力している」 「キッチン・カーは、最近その重要性が大いに認

			識され、現在財団法人日本食生活協会の所有する一二台のほかに、全国で一四都県がこれを整備しており、管内を巡回して食生活の指導にあたっているが、まだこれを所有していない県が多いので、今後の整備が望まれる……」
	10.20	国会(参)予算委員会	加藤シヅエ(参議員) 「今の若い世代の人は、だんだん米食の習慣から、粉食を加味する……食生活に変わりつつある。……これは非常にいい傾向ではないかと思うのでございます……」
1963	02.11	国会(衆)決算委員会	木村公平(衆議員) 「米というものに対して……有害無益であるといったような誤った考えが一時流布され、米にかわるに粉食をもってすべきであるという宣伝が大いになされて、現に学校給食は代用とも思われるパンだけに限定しておる……ことが今問題になっておるわけであります……」
	03.14	国会(衆)文教・農林水産委員会連合審査会	荒木萬壽夫(文部大臣) 「学校給食は、……食糧不足緩和の手段として始まったわけであります」 「給食の内容はミルク給食、パン食が建前ではございますが、山間僻地等、むしろ米食を便宜とするところは、あえてそれを粉食に転換するということも実情に合うまいということから、そのことも認められる内容であることも、ご案内のごとくであります」 前田充明(文部省体育局長) 「今年度からは、農山漁村等でパンの入手ができないようなところで完全給食をやるという場合には、米も差し支えないというふうに指導をいたしております」
1965	02.25	国会(衆)予算委員会第二分科会	石田宥全(衆議員) 「今年の正月のテレビ(NHK)の座談会で、林髞という人……米食を仇のように考えている人ですが、その人は……日本民族の将来を考えるならば、米作を禁止し、米食を禁止すべきであるということを言っておる。(中略)私は林さんの常識を疑う……。許しがたい問題だと思う」

(資料)国会議事録その他の資料に基づき筆者が作成。

その後も**表1**に示したように、国会では「粉食奨励」の必要性ばかりが語られた。筆者が国会議事録によって検証したかぎりでは、衆参両院の与野党議員による一面的な《粉食礼讃の大合唱》は、一九六三年二月一一日の衆議院決算委員会における木村公平議員の米食擁護の発言まで延々と続く。

明らかに、政府ならびに国会の本音は①にあった。それは、一九五四年一月二七日の参議院本会議における、愛知揆一《きいち》・通商産業大臣（当時）の発言によっても確認できる。

「外米輸入が年間約二億ドルにも上ることに鑑み、食生活の改善に必要な措置を講じ、米食偏重を是正し、外貨払及び財政負担の節減を期したい所存であります」（傍点は筆者が附した）

要するに、政府は「政策的に米食率を操作」して、食糧輸入を割高な米から割安な小麦に置き換え、「財政余裕金」を確保し、それを「刻下の重要国策である食糧総合増産の達成」のために活用したかったのだ。

白米と脚気とシビガッチャキ症

表2に示したように、ご飯（白米）に含まれるビタミンB_1の量は〇・〇二mgで、B_2は〇・〇一mg。学校給食用コッペパンの場合はB_1が〇・三八mgで、B_2は〇・一二五mg（一〇〇gあたり）。同じコッペパンでも市販品の場合は、B_1、B_2ともに〇・〇八mgだ。当時も人為的に「強化ビタミン」が添加されていたかどうかは不明だが、確かに学校給食用コッペパンのビタミンB類含有量は、ご飯より格段に多い。

B_1が欠乏すると脚気《かっけ》・多発性神経炎・心臓肥大、B_2が欠乏すると口角炎・角膜炎・皮膚炎や倦怠感・頭痛・便秘などを伴うシビガッチャキ症になると筆者も中学校で習った。だが、ご飯とパンのビタミンB類含有量の差がこの程度なら、押麦やグリーンピースを加えた麦ご飯や豆ご飯にするとか、ごまを振り掛けるとか、副食にひじき・丸干し・味付けのりなどを付けるとか、ひと工夫すれば米飯給食でもビタミンB類は補えるはずだ。

脚気は日本の国民病と言われた。しかし、米七分・麦三分の麦飯で予防できることは、日清戦争（一八九四年八月〜九五年四月）と日露戦争（一九〇四年二月〜〇五年九月）における大日本帝国海軍および陸軍による《企図せざる兵食比較実験》において実証されている。

企図せざる兵食比較実験とは、田口文章・北里大学医学部教授によれば、次のようであった。

「後に陸軍軍医総監として帝国陸軍の軍医の頂点に立った、文豪・森鴎外こと森林太郎《りんたろう》を筆頭とする東大医学部系の軍医たちは、後に海軍軍医総監となり東京慈恵会医科大学を創立した海軍軍医・高木兼寛《けんかん》の『麦飯により脚気が予防できた』とする実証研究結果を認めず、頑なに白米中心の兵食を指示し続け、多数の脚気による死者を出した。海軍では脚気による死者は皆無であったのに対して、陸軍では日清戦争において四〇六四名（脚気発症者は四万一四三一名）、日露戦争においての二万七八〇〇余名（発症者は約二一万名）もの死者を出している。戦闘による死者はそれぞれ日清戦争四五三名、日露戦争四万八四〇〇余名であった」

「森林太郎は、その後も一八八五年に東大の緒方正規《まさのり》が発見したという《脚気菌》の存在を支持した。八九年には北里柴三郎（破傷風菌の純粋培養、血清療法、ペスト菌の発見者）がその誤りを指

ミン類(可食部100g あたり)

K	B_1	B_2	ナイアシン	B_6	B_{12}	葉酸	パントテン酸	C
μg	mg	mg	mg	mg	μg	μg	mg	mg
	0.07	0.04	1.2	0.03		32	0.47	
	0.21	0.12	1.2	0.04		26	0.46	
	0.08	0.08	0.7	0.04		45	0.63	
	0.38	0.25	0.8	0.03		38	0.52	
	0.02	0.01	0.2	0.01		2	0.13	
	0.16	0.07	0.4	0.02		4	0.18	
	0.16	0.02	2.9	0.21		10	0.65	
	0.08	0.01	0.8	0.09		6	0.44	
	0.02	0.01	0.2	0.02		3	0.25	
	0.22	0.07	3.2	0.14		17	0.43	
	0.06	0.04	1.6	0.14		9	0.46	
7	0.27	0.06	0.8			5	0.39	
31	0.29	0.14	2.2	0.09		70	0.54	16
37	0.76	0.26	1.8	0.58		250	1.33	
870	0.07	0.56	1.1	0.24		120	3.60	
1,300	0.14	0.36	0.9	0.29		110	4.28	
6	0.11	0.04	0.3	0.04		12	0.16	
12	0.49	0.23	5.3	0.64		150	0.51	
1	0.33	0.04	2.7	0.22		98	0.43	15
2,600	1.21	2.68	11.8	0.61	77.6	1,200	0.93	160
320	0.36	1.10	2.9	0.01		84	0.49	
	0.25	0.43	16.2	0.69	24.7	44	0.92	
	0.30	1.60	1.1	0.27	1.8	1	4.17	5
1,400	0.36	1.43	4.1	0.46		1,300	3.10	260
		0.05	0.2	0.01		16	0.04	6

表2　食品に含まれるビタ

食品名		レチノール	カロテン	レチノール当量	D	E
		μg	μg	μg	μg	mg
食パン	市販品					0.6
	学校給食用					0.4
コッペパン	市販品					0.5
	学校給食用					0.5
うどん	ゆで					0.1
	学校給食用ゆでめん					0.1
水稲めし	玄米					0.5
	はいが精米					0.4
	精白米					
大麦	七分つき押麦					0.2
	押麦					0.1
えんどう	全粒・ゆで		44	7		0.2
グリーンピース	ゆで		440	73		0.4
大豆	全粒大豆		4	1		2.4
納豆類	糸引納豆					1.2
	挽き割り納豆					1.9
おから	旧来製法					0.6
ごま	いりごま		17	3		2.5
大根類	ぬかみそ漬					
あまのり	干しのり		43,000	7,200		4.3
ひじき	干しひじき		3,300	550		1.1
うるめいわし	丸干し				8	0.1
粉乳類	脱脂粉乳	6		6		
煎茶	茶葉		13,000	2,200		68.1
	浸出液					

(資料)科学技術庁資源調査会編『五訂日本食品標準成分表』。

摘していたにもかかわらず、それを無視して『脚気は伝染病』だという説を主張し続ける。そして、六一歳で人生を閉じる最後まで、ついに兵食の誤りに対する責任を認めず、この世を去った」(以上、文意を損なわない範囲で筆者が要約した。田口教授は、ホームページ(http://tag.ahs.kitasato-u.ac.jp/tag-wada/frame/fl130.htm)の記述の原典である板倉聖宣『模倣の時代』上・下(仮説社、一九八八年)の精読を、読者に勧めている)。

科学ジャーナリスト・馬場錬成《れんせい》氏によれば、一九一四年四月の第四回日本医学学会総会で特別講演を行った東大医学部の林春雄教授は「(鈴木梅太郎が一九一二年にオリザニンと命名した)米ヌカのエキスは無効」だと、脚気の原因が食べ物であるとする説を明確に否定。東大医学部長であり、医学界に絶大な権力をもっていた青山胤通《たねみち》教授もまた、新聞記者に対して「(オリザニンが脚気に効くことは)馬鹿げた話」だとコメントしたという(http://www.incs.co.jp/tsurezure/bb/babatsure.html 二〇〇一年九月一九日「日本人とノーベル賞――その12」)。現在も同様かもしれないが、当時、東大医学部の教授たちを頂点とする権威主義が科学を牛耳っていたのである。

だが、先述の国会決議が全会一致で可決されたころは、日露戦争から数えて半世紀近くが経過している。東大医学部の伝統的学説であった「脚気伝染病説」は完全に否定され、脚気は麦飯によって予防できること、すなわちビタミンB_1が脚気の特効薬であることが明らかになっていた。「白米ばっかり食」はいけないが、ことさらパン食(粉食)に切り替えなくても、先述のように、ご飯に押麦を加えたり、副食を工夫したり、あるいはビタミンB_1剤を一錠服用することで、解決し得る問題だ。それにもかかわらず粉食奨励の国会決議がなされたのは、やはり「外貨払及び財政負担の節減」という国家財政の問題があったからに他ならない。

けだし、この日本政府の政策は、大量の余剰農産物を抱え、その処理に頭を悩ませていたアメリカ政府と利害が完全に一致した。その裏事情については、前掲の『日本侵攻 アメリカ小麦戦略』や岸康彦氏の『食と農の戦後史』（日本経済新聞社、一九九六年）に詳しい。滞貨の一途をたどる余剰農産物の販路拡大を最優先政策課題に位置づけて、アメリカ政府は五一年に「相互安全保障法（ＭＳＡ法）」を制定。その後も五三年の同法改正、五四年七月の「農産物貿易促進及び援助法（略称ＰＬ四八〇（公法四八〇号））」（俗称「余剰農産物処理法」、六六年一一月に「平和のための食糧法（ＰＬ八九―八〇八）」と改称）制定と矢継ぎ早に法律を整備し、①「五五億ドル（当時の約二兆円）にものぼる小麦、綿花、乳製品などの余剰農産物ストック」の解消と、それに付随する②「一日四六万ドル（約一億七〇〇〇万円）にも達する倉庫代金（政府支払分）」の軽減を図った。

高嶋氏によれば、ＰＬ四八〇は「余剰農産物の重荷に耐えかねた（当時の大統領）アイゼンハワー農政の切り札」だった。それは、「ノドから手が出るほど食糧がほしくても、それを買う外貨（ドル）をもたない国」に対して、自国通貨（たとえば円）での代金支払いを認め、かつ、支払った代金は「アメリカが当事国内で（物資・サービスなどの）現地調達などに一部使用するが、残りは当事国の経済強化のための借款とする」という、食糧不足国にとってはまさに《渡りに船》のありがたい法律である。そして、日本政府はこれに飛びつく。

アメリカ政府が全額資金提供したキッチン・カー

キッチン・カーは俗称で、正式には栄養改善車という。高嶋氏の著書によって筆者はその存在と役割を知った。中型バス(全長六・九m、車幅二・三m、車高二・七m)を改造して調理設備一式を積み込み、上下開閉式にした車両後部でさまざまな料理作りを実演して、栄養改善指導と粉食の普及に努めたという。

日本食生活協会の『栄養指導車のあゆみ』によれば、厚生省/(財)日本食生活協会が運営したキッチン・カー(当初八台、五八年に四台追加)は一九五六年一〇月から六〇年一二月まで全国を巡回し、二万二二五会場で一八七万一五八四人に栄養改善を指導。総走行距離は五七万四八九五km(地球を約一四周)に達した。事業は六一年度から都道府県に引き継がれ、合計五〇台余の中型・小型キッチン・カーが六八年ごろまで農村部を中心に走り回った。五六年一一月に作成され、改訂版と合わせて二四〇万部も配布された『栄養指導車のしおり』(第一集)には、「一歩進んだ文化食品」として、マカロニ・イタリー風、長崎チャンポン、五目焼きそば、サンドイッチなど「粉食の献立」が紹介されている。

特筆すべきは、日本政府・厚生省がキッチン・カー事業を立案し、アメリカ政府がその資金を全額提供したという《事実》だ。PL四八〇に基づく「日米余剰農産物交渉」の結果、一九五五年五月三一日、以下の事柄を内容とする「日米余剰農産物協定」が発効した。

① 「日本は小麦約三五万トン、カリフォルニア米約一〇万トン、綿花、葉タバコなど合わせて三六〇億円(一億ドル分)の余剰農産物を受け入れる。このなかには学童向けの現物贈与として五五

表3　キッチン・カー事業などの予算（第1期分）

優先順位	事業内容	経費		協力団体
		ドル（1000＄）	円換算（万円）	
1	キッチン・カー事業	171	6,156	厚生省
2	同事業に必要なパンフレット等の作成	42	1,512	厚生省
3	全国向け宣伝キャンペーン	371	13,356	農林省、㈶全国食生活改善協会
4	製パン技術者講習	113	4,068	農林省、㈶全国食生活改善協会
5	専任職員（日本人）の雇用	32	1,152	—
6	生活改善普及員の講習（小麦を使った料理法）	62	2,232	農林省
7	PR映画の制作・配給	92	3,312	農林省
8	食生活展示会の開催	23	828	農林省
9	小麦食品の改良と新製品の開発	58	2,088	農林省
10	保健所にPR用展示物を設置	60	2,160	厚生省、㈶日本食生活協会
11	学校給食の普及・拡大	140	5,040	文部省、㈶日本学校給食会
総経費		1,164	41,904	—

（資料）高嶋光雪『日本侵攻　アメリカ小麦戦略』家の光協会、1979年、85ページ。
（注）1ドル＝360円として円に換算した。第1期の期間は不明。

億円相当の給食用の小麦、脱脂粉乳などが含まれる」

②「日本が円貨で買い付けた三〇六億円（現物贈与分を除く）のうち、七〇％の二一四億円はアメリカからの借款（四〇年償還、金利年四％）扱いにして、日本が電源開発（一八二億円）、愛知用水などの農業開発（三〇億円）などに使用。残り三〇％の九二億円については、アメリカが駐日米軍の住宅建設や自国産農産物の海外市場開拓に使用する」

（高嶋・岸両氏の前掲書より筆者が要約）

表3に示したキッチン・カー事業にかかわる予算は全額、この九二億円から支出されたのである。また、政策批判はマスメディアの得意分野だが、粉食奨励についてはマスメディアも全面的に支持し、『朝日新

聞』などは「天声人語」において米食批判を繰り返した（高嶋氏の前掲書および表1参照）。ちなみに、当時の一般会計予算は平均一兆三〇〇〇億円前後で、近年のそれは平均八一兆円強だ。したがって、現在の予算規模に単純換算すれば、当時のキッチン・カー事業費（第一期分、期間は不明）約四億二〇〇〇万円は、約二六〇億円に相当する。

他方、農業経済研究者のなかにも粉食を積極的に支持し、「西欧人の摂取カロリーが、少なくとも二七〇〇キロカロリーから三〇〇〇キロカロリー以上に達しているのに対して、日本人のそれは二〇〇〇キロカロリーを僅かに超える程度にとどまっている」「日本人の食生活水準が国際的な低位性を脱し、本格的な上昇への途を辿るためには、根強い食習慣となっている米食の壁を破ることが必要」「将来の日本農業にとって米は必ずしも有利な作物ではない」などと主張する人が現れた（中山誠記『食生活はどうなるか』岩波新書、一九六〇年。同氏は農林省農業総合研究所（現・農林水産政策研究所）所得研究室長）。

「マルチタレント教授」の迷言

政府が国をあげて粉食を奨励した背景には、慢性的な米不足と厳しい台所事情があった。米食偏重の伝統的食生活については栄養面から批判されたが、さすがに「バカになる」などという馬鹿げた米食批判はなかった。

ところが、一九五八年九月、「白米で子供を育てると……、頭脳の働きをできなくさせる」と断定する書物が出現する。その本のタイトルは『頭脳――才能をひきだす処方箋』、著者は慶応大学医学部の林髞《たかし》教授だ。高嶋氏は「大脳生理学の権威」と紹介しているが、現在では、直木賞作家であり、日本探偵作家クラブ会長でもあった「推理小説家」の木々高太郎《きぎたかたろう》と言うほうがわかりやすいだろう。この本は発売後一年で三一刷を重ねたという。

さらに、一九六〇年一〇月に上梓された『頭のよくなる本――大脳生理学的管理法』は空前のベストセラーとなり、「米を食べるとバカになる」という《迷言》は今日にも伝わることになった。巻末の【参考資料⑦】（二七五ページ）に該当箇所を抜き書きしたが、筆者が読んだかぎり「バカになる」との記述はない。しかし、四六年から五四年まで慶応大学医学部に勤めた佐々木直亮《なおすけ》氏（弘前大学名誉教授）が自身のホームページに、当時のエピソードを、次のように紹介している。

「林髞先生（私の学位論文副査）が脳機能の生理学的研究から『米を食べるとバカになる』といった話をされた。この『バカになる』話が世の中に広まったとき……」

ここから判断すると、林髞教授が個人的な会話や講演で、日常的に「バカになる」という表現を使用していたことは確かなようだ（http://hippo.med.hirosaki-u.ac.jp/~sasakin/nao-h/200209253kome.html）。見過ごせない迷言だが、「当時、林教授たち（米食批判学者）は、製粉・製パン業界の主催する講演会に引っぱりだこであった」（高嶋、前掲書）という。

先述の「頭脳パン連盟」はまさに、林教授の迷著・迷言を論拠にして生まれたのだ。加えて、この迷著には輸入小麦に含まれるポスト・ハーベスト農薬問題への言及はない（パン類の残留農薬分析値については、農民連食品分析センターが詳しい（http://earlybirds.ddo.jp/bunseki/Data/bread.html））。

文豪・森鷗外に比べれば、直木賞作家・木々高太郎の罪は、まだ軽い。だが、「学者、作家のほか評論家、ラジオのクイズ番組司会者、読売新聞『人生案内』回答者などを一手に引き受けた元祖《マルチタレント教授》」（『東京新聞』一九九五年四月九日）は、六五年正月のNHKテレビの座談会で「日本民族の将来を考えるならば、米作を禁止し、米食を禁止すべきである」（六五年二月二五日の衆議院予算委員会第二分科会で石田宥全《ゆうぜん》議員が紹介した林髞発言、表1参照）と主張し、六九年に七二歳でこの世を去るまで、ついに自説を変えることはなかった。

二　食農教育への本気の取組み

数年で変わった日本人の食生活

民族の食生活のパターンは一〇年や二〇年では変わらない、というのが当時の定説だった。

しかし、表3に示されるように、一九五六年から六〇年まで「厚生省＋（財）日本食生活協会」「文部省＋（財）日本学校給食会」「農林省＋（財）全国食生活改善協会」が三位一体となり、当時の金額にして約四億二〇〇〇万円（第一期分）もの巨額を注ぎ込んでキッチン・カー事業を全国展開し、さらに製粉・製パン業界、マスメディア、大脳生理学者、中学校や高等学校で教えられる近代栄養学もこれに加わって「粉食礼讃の大合唱」を行い、わずかの期間で日本人の食生活パターンを「粒食（米飯中心)」から「粉食(パン・麺類＋畜産・酪農製品)」へと大きく変えたのである。繰り返すが、この《汎国民的栄養改善運動》のルーツは五三年の国会決議にあり、事業資金はアメリカ側が全額を提供している。

「キッチン・カーは、私たちが具体的プログラムとして日本で最初に取り組んだ事業でした。つづいて学校給食の拡充、パン産業の育成など、私たちは初期の市場開拓事業の全精力を日本に傾けました……その結果、日本の小麦輸入量は飛躍的に伸びました。……日本は私たちにとって市場開拓の成功のお手本なのです」

「いまになって、日本では『米を見直す』キャンペーンを始めている……。しかし、すでに小麦は日本人、特に若い層の胃袋に確実に定着した……。日本のケースは、私たちに大きな確信を与えてくれました。それは、米食民族の食習慣を米から小麦に変えてゆくことは可能だということです」

これは、一九七八年八月に高嶋氏のインタビューに答えた、キッチン・カー事業の火付け役リチャード・バウム氏(アメリカ西部小麦連合会(旧・オレゴン小麦栽培者連盟)会長)の発言だ(高嶋、前掲書。傍点は筆者が附した)。高嶋氏は「日本人の胃袋の中に、知らぬ間に住みついた小麦は、すでに勝利の星条旗を高々と掲げている」とインタビュー後の感想を記している。このように日本人の食生活パターンは日米両国の関連政策や粉食業者の販売戦略など、人為により変型した(否、変型させられた)側面が強い。

こうした見方に対して岸氏は、粒食から粉食への転換は「生活水準の向上に伴う必然的な結果」であり、「ＭＳＡ小麦が日本人のコメ離れを呼び起こしたとみるのは、いささか単純化しすぎた議論」だと反論する。確かに、粉食の進展と生活水準（経済成長に伴う所得の増大）との間には強い正の相関が認められる。しかし、日本における粉食化は、リチャード・バウム氏の発言にもあるように、また表1に示したように、一九五三年に始まる汎国家的大合唱によって《加速》され、《急拡大》したことは否定できない。

食と農の教育感化力

米食攻撃は間違っていた。そのことは、いまや誰もが認めるだろう。だが、「日本人の食生活パターンを、粒食から粉食へ政策的に誘導する」という政府の政策目標は、みごとに達成された。筆者はそれを《逆説的に評価》したい。

立法府、行政府、粉食業界、教育界、マスメディアが一丸となって汎国民的栄養改善運動を展開し、ついに米食の壁を突き破った。資金不足はアメリカの制度（ＰＬ四八〇）を利用して補った。関係者はあらゆる智慧をしぼり、政策目標の実現に向けて総力を結集する。全員が本気だった。本気だったからこそ、日本人の食生活パターンが短時日のうちに大きく変型したのである。学ぶべきは、この点だ。

思うに、ＥＵ（欧州連合）や韓国がすでに実施している有機農業生産者などへの直接支払制度の導入は、農水省さえヤル気になれば比較的容易である。難問は、浮動票的消費者層の固定票化（サポーター化)だ。《食・農・環境の質が国民(消費者)一人ひとりの質の投影》だとすれば、農水省が取り組むべき喫緊の政策課題の一つは、消費者啓発によって浮動票の質を向上させ、固定票化することだが、これは口で言うほど簡単ではない。

先述したように、日本の有機農業生産者は提携する消費者の精神的・経済的支援(リスク分担、食べ方の変革、継続的購入など)に支えられ、行政を含む周囲の黙殺や白眼視に耐えて、今日の社会的評価を獲得した。提携する消費者のサポートなしに、今日の有機農業の展開はあり得なかった。一九六〇年代から七〇年代にかけて頻発した食の腐食事件、とりわけ牛乳のPCB汚染事件(六九年一二月)、母乳の農薬汚染事件(七〇年一〇月)などに危機感をもち、有機農業運動に参加した消費者たちは、自学自習して《無意識の加担者》からの脱却方法を模索した。もし、行政による消費者啓発事業などにより、圧倒的多数を占める浮動票的消費者層を無意識の加担者から脱却させられたら、日本の食・農・環境の質は格段に向上するにちがいない。

だが、それには膨大な時間と費用がかかる。同じ時間と費用をかけるなら、もっとも効果的な方法は、小・中・高等学校における「食農教育」すなわち《食と農の教育感化力》の活用に期待を託すことだ。これに幼稚園を加えてもよい。子どもたちは、頭の固くなった成人消費者とは比較にならないほどの柔軟性と可能性を秘めている。

小・中学校では二〇〇二年四月から、高等学校では〇三年四月から、新たに「総合的な学習の時間」がカリキュラムに加えられた。これを活用して「生きる力を育む食農教育」を行う学校が、全国的に増加中だ。

農山漁村文化協会(以下、農文協(http://www.ruralnet.or.jp/))が刊行する『食農教育』(隔月刊)や『食文化活動』(年二回刊)には、すでに一九九〇年代から、各地で展開されている先駆的事例が数多く紹介されてきた。ちなみに、食と農をつなげた「食農教育」という用語は、九八年に農文協が創った言葉だという(農文協『自然と人間を結ぶ』(二一世紀の日本を考える⑳)二〇〇三年二月号)。九九年ごろから職員が手分けして小・中学校に出向き、食と農に関する「出前講座」を行っている全国の農水省地方農政局(七カ所、http://www.maff.go.jp/www/link/links/chihou/t1.htm)のホームページにも、興味ある多様な事例が紹介されている。

農文協が「食農教育先進県」と紹介する埼玉県では、二〇〇二年度から教職員やPTAに対する食農教育研修が実施され、初年度は約一四〇〇人が半日~四日間の研修を終えている。国レベルでは、〇二年一一月に文部科学省・厚生労働省・農水省の局長レベルで構成する「食育推進連絡会議」が設置され、「食育を国民運動として」取り組むことが確認されたという(前掲誌)。

もっとも、農水省の本音は、「食品にゼロ・リスクはあり得ない」(『BSE問題に関する調査検討委員会報告』二〇〇二年四月)こと、換言すれば、農薬や遺伝子組み換え作物など食と農の安全性に関する農水省の主張に素直に耳を貸してくれる、物わかりのよい消費者を育成することにあるようだ。そうした底が割れた御都合主義的な発想はともかく、行政が〇三年から毎年一月を「食を考える月間」に指定して、食農教育の普及に力を注ぎ始めたことを、筆者は率直に評価したい。

かつてのキッチン・カー事業の徹底ぶりと比べれば、食農教育への「国民運動として」の取組みは緒に就いたばかりであり、隔靴掻痒《かっかそうよう》の感はある。しかし、たとえば「『地産地消』の学校給食実践事例集」（農文協『自然と人間を結ぶ』〈食文化活動㉞〉二〇〇二年九月号）あるいは「身土不二の学校給食」「農の見える学校給食」（農林中金総合研究所の根岸久子氏の表現）を切り口にして、市町村役場、教育委員会、学校給食会、教員、学校栄養士、ＰＴＡ、生活改善グループ、農業改良普及センター、農協、生産者グループ、加工食品メーカーなどが有機的に連携して智慧を出し合い、小・中・高校生たちを《地域食文化の継承者》として、あるいは《地域農業のサポーター》として丁寧に育成することに《本気》で取り組むなら、彼らが成人して次代の担い手となる十数年後の当該地域の食と農の未来は間違いなく明るい。

繰り返すが、いま求められているのは、関係者の《本気の取組み》だ。それを指して、筆者は《二一世型キッチン・カー戦略》と名付けたい。その基本は、くどくて申し訳ないが、地域の恵み、四季の恵みを余すことなく感謝していただく心を育む《食農教育》だ。この戦略が奏功すれば、ＷＴＯ体制下でも、当該地域農業は《地域農業のサポーター》に成長したかつての小・中・高校生に支えられて健全に生き残り、その集合体である日本農業もまた生き残ることができる。

前掲の『食文化活動㉞』には福島県熱塩加納《あつしおかのう》村、高知県南国《なんこく》市、埼玉県学校給食会、岩手県大東《だいとう》町、和歌山県那賀《なが》町における先駆的な地産地消給食や食農教育に関する事例が多く紹介されている。調べれば、優良事例が全国にもっと潜在しているにちがいない。喫緊の政策課題は、やれＷＴＯ新ラウンド(二〇〇〇年三月から始まったWTO農業交渉。〇五年一月一日までに交渉終結の予定)だ、やれFTA(自由貿易協定)だと、目先の国際交渉に翻弄されるのではなく、このような「点」的事例を、着実に「線」に、「面」に拡大し、万一、交渉が不調に終わっても生き残ることができるよう、《日本農業のサポーターづくり》に本腰を入れることだ。

第1章で筆者は、「買い物は投票」だと論じた。選挙では、有権者に信頼され、支持された候補者が当選する。たとえ妨害ビラがまかれても、有権者の支持に揺らぎがなければ、当該候補者は当選するだろう。農政がめざすべきは、そのような、候補者(＝生産者)と有権者(＝消費者)との厚い信頼関係づくり(＝徹底した食農教育)だ。そして、信頼の基盤となる農業は、消費者が支持する有機農業でなければならない。

こんな子どもに育てたい

筆者の手元に一枚の『日本農業新聞』の切り抜きがある。日付は一九八九年五月一一日。すっかり変色しているが、見出しには「米の大切さ、農家の苦労、茶碗一杯のご飯から学びました」とある。記事の主役は千葉県の印旛《いんば》中学校二年生のS・Cさん。栄養改善普及会主催の「ごはん食の工夫と意見コンクール」で食糧庁長官賞に輝いた(応募総数一〇四〇編)。以下は、記事の要約である。

「ご飯を食べていて、お茶碗にはいったい何粒の米が入っているのだろうかと、不思議に思ったのが自由研究のきっかけ。数えてみると、三五八三粒あった。

自分の家の水田から稲を一株とってきて、何本の穂があるか数えたら、二五本あり、二三四四粒の籾が付いていた。稲一株ではお茶碗一杯のご飯ができないのだ。次に一〇アール（約一反、一〇〇〇㎡）の水田に何株の稲が育っているかを考え、条数と株数から一万八六二六株とわかった。粒数を計算すると、四三六五万九三四四粒。つまり、一万二一八五杯のご飯ができる。

私は一日三杯食べるので、一〇アールの水田では四〇六二日間（一一年と四七日間）食べられることがわかった」

茶碗一杯のご飯と稲との関係については、それから一〇年ほど経って入手した二種類の啓発書、『イネの絵本』（山本隆一編、農文協、一九九八年）および『「田んぼの学校」入学編』（宇根豊著、農村環境整備センター企画、農文協発売、二〇〇〇年）に詳しく解説されている。だが、長らく農業経済や食料経済を研究してきたにもかかわらず、筆者はこの新聞記事に出会うまで、ご飯と稲との関係について深く考えてみることはなかった。選考委員の鈴木正成・筑波大学教授は「若い人ほどご飯食に対する考え方が自由で個性的。こういう芽を伸ばしたい。Sさんには表彰状より感謝状を渡したい感じだ」とコメントしている。筆者もまったく同感だ。

この話をある雑誌に紹介しようと思って原稿を書くうちに、「一粒の籾を蒔くと何粒の米が収穫できるのか」という新たな疑問がわいてきた。一九九八年晩秋のことである。

こんな基本的な事柄も知らず、研究者を気取っている我が身を恥じたが、聞かぬは一生の恥だから、山形県高畠町《たかはた》で有機米生産に励む伊藤幸蔵氏に教えを請うた。同氏は置賜《おきたま》盆地全域の生産者に呼びかけて、九五年八月に「ファーマーズクラブ赤とんぼ」(現在、七〇戸余参加)を結成。二〇〇〇年一二月には農業生産分野では日本初となるISO一四〇〇一(環境マネージメント・システムの国際標準規格)を取得するなど、「地域農業と環境を守り、安全な食べ物を生産し供給する」という使命感に燃えた青年農業リーダーだ。父親の幸吉氏は米沢郷《よねざわごう》牧場(有畜複合自然循環型農業を営む農事組合法人)の創設者であり、全国産直産地リーダー協議会の代表を務めている。

伊藤幸蔵氏の稲作(コシヒカリの有機栽培)の場合、「一粒の籾が発芽して生長すると、平均一〇・八本の穂をつける。一穂あたり平均一二〇の籾がつき、九二・四の籾に実が入るから、一粒の籾は約九九八粒の米(整粒)になる」という。つまり一粒のご飯粒は、それを精米せず籾のまま水田に蒔けば、約一〇〇〇粒の収穫をもたらす潜在生産力を秘めているのだ。「お茶碗にこびりついた一粒のご飯を無駄にすることは、一〇〇〇粒の収穫を捨てることと同じ」だと、にわか仕込みの知識を拙宅に遊びに来ていた親戚の小学生に話したら、その日、その子は一粒残さず食べていた。ちなみに、同氏の平均反収は六六一kg(一九九八年産米)。みごとな有機栽培技術である。

S・Cさんの家は水田二haを耕す専業農家で、「お父さん、お母さんが作ったお米だから、一粒でも大切にしなくちゃと思いました」(前掲『日本農業新聞』)というのが、先述の自由研究作文を書く動機になっている。伊藤幸蔵氏が青年農業リーダーとして活躍しているのも、おそらくは子どものころから見続けた親たちの後ろ姿に琴線に触れるものを感じ、自らの意思で農業後継者の道を選択したのだろうと推測する。筆者は改めて《親の背中に潜む教育感化力》の偉大さを思った。

一九世紀イギリスの哲学者Ｈ・スペンサー（一八二〇～一九〇三年）が「子どもは父母の行為を映す鏡である」と言い、また一九五四年にアメリカの家庭教育コンサルタントのＤ・Ｌ・ノルト（一九二四年～）が発表した「子は親の鏡」と題する一九行の詩が大反響を呼んで、いまや「子は親を映す鏡である」というのは教育関係者の間で日常句と化している。これは食農教育の場においても成り立つ格言であろう（詳しくはドロシー・ロー・ノルト／レイチャル・ハリス共著、石井千春訳『子どもが育つ魔法の言葉』ＰＨＰ研究所、九九年参照）。

そうであるなら、日本有機農業研究会、全国産直産地リーダー協議会、大地を守る会、ポラン広場、らでぃっしゅぼーや、生活クラブ生協、東都生協、グリーンコープなど、日本を代表する有機農業（エコ農業を含む）団体・専門流通事業体・生協などの活動に参画する生産者や固定票的消費者の家庭に育つ子どもたちは、食や農の健全なあり方を求めて活動する親たちの姿勢に「何か」を感じ、その意思を次代に継承してくれるにちがいない。もちろん、「ちがいない」と断定するには検証が必要だが、それについては本書の姉妹編として上梓する予定の別著の課題としたい。ここでは、筆者が注目する「食と農の連帯」に関する一つの事例（サンライズ・プラン）を、本章のしめくくりとして紹介しよう。

三　田んぼで備蓄

減反田（生産調整のために休耕または転作対象になった水田）で栽培した米を鶏に与え、採れた卵を生協が責任をもって購入し、農村と都市が力を合わせて地域の共有資産（水田）を保全する。そんなユニークな産消提携事業の調印式が一九九八年三月二三日、千葉県北東部の九十九里浜海岸に面した旭《あさひ》市で挙行された。その日、調印された「飼料用米栽培に関する覚書」の骨子は次のとおりだ。

①　ＪＡ旭市（現・ＪＡちばみどり）は、減反田でのエサ米生産を推進する。

②　旭愛農生産組合（大松秀雄・組合長）は、エサ米を鶏の飼料として利用する。

③　生活クラブ生協千葉（池田徹・理事長）は、生産された卵を責任もって消費する。

④　旭市は、行政の立場から提携事業をサポートする。

当時、山形県の庄内地方ですでに減反田でのエサ米作りが実施されていたが、旭市のように農村と都市生活者が連帯する事例はなかった。

「田んぼで備蓄（飼料用米栽培事業。凶作のときは食用として利用）」と呼ばれるこの産消提携事業は同日、四者で結成した「旭市環境保全・循環型農業モデル事業（サンライズ・プラン）推進協議会」（会長、旭市長）が実施する最初の事業だ。このほかに、鶏糞堆肥など有機物資源の地域循環を図る「ほんわか土づくり作戦（畜産堆肥資源化計画）」、生産者と消費者の交流を深める「蛍の夕べ」、地元市民や小学生などが共に行う「農業生産環境調査（生き物調査）」などが計画されている。一九九八年度に契約されたのは、次の五点である。

①　旭市の生産調整面積約五四七haのうち三六haに、千葉県の奨励品種・初星を中心にハヤヒカリ、はなの舞などを栽培して、一八〇トン（三〇〇〇俵）程度を確保する。

②エサ米生産者の一俵(六〇kg)あたり手取価格は、「エサ米基本価格+国の生産調整助成金+市の単独助成金等」で合計一万円程度になるよう調整する。
③栽培基準は「堆肥施肥、除草剤一回、病害虫防除は基本的になし」とする。
④減農薬栽培されたエサ米は、加工用米と同様の検査を行って農協が保管する。
⑤旭愛農生産組合への売渡価格は、「エサ米基本価格(五〇〇〇円)+金利+保管料」とする。

旭愛農生産組合は養鶏・米・野菜・果実などの生産者約五〇人で構成され、年間一七～一八万羽の国産鶏種(ゴトウ三六〇)を飼養。エサ米の契約数量一八〇トンは、同組合の養鶏農家が使用する飼料(年間約六〇〇〇トン)の三%に相当し、割高なエサ米を混合使用することによる卵価への影響は「一個あたり五〇銭(一パック一〇個あたり五円)程度のコストアップになる」と同組合では試算している。

筆者は、米を鶏に食べさせるアイデアが生活クラブ生協千葉(一九七六年設立、組合員約三万四〇〇〇人)側から示されたことに興味をもった。同生協の田辺樹実・常務理事によれば、発案者は池田理事長、時期は九六年だという(田辺樹実「旭市環境保全・循環型農業モデル事業の展望」協同組合経営研究所『研究月報』二〇〇〇年八月号)。旭市を自らの食糧基地と位置づけて、八〇年代から密度の濃い提携交流を展開してきた生活クラブ生協千葉が、①大量の過剰在庫を抱え《豊作を喜べない国の米備蓄政策》に対する批判をこめた代替案として「田んぼで備蓄」を提案し、②自らもまた主体的に応分のコストを負担して《食糧基地・旭市》の生産資源を守ろうとするところに、サンライズ・プランの特徴がある。

周知のように、生活クラブ生協千葉が加盟する生活クラブ連合会は、一九八九年一二月に世界の市民活動に関する「もう一つのノーベル賞」といわれる『ライト・ライブリフッド賞』を受賞し、九五年九月にはＮＧＯ「国連の友」が国連設立五〇周年を記念して創設した『われら人間・五〇のコミュニティ賞』を受賞するなど、国内はもとより世界的にも評価の高い連合体だ。連合会のホームページ（http://www.seikatsuclub.coop/）には、「『安全・健康・環境』生活クラブ原則」が掲載されており、かつてその序文には「消費のあり方が今と次世代の生命・環境のあり様を規定する」「（現在世代の）消費活動が将来世代の生存可能性を侵略してはならない」とあった。要するに、広い視野から物事を見ることのできる「思慮深い消費者」になること、つまり、本書で筆者が繰り返し主張した「無意識の加担者」「合成の誤謬」からの脱却を提案しているのだ。

だが、そうはいっても、生協組合員は、少々割高で、黄身の色がやや白っぽい「コメコッコ」（エサ米を三％程度混合給餌して生産した卵の愛称）を買い支え続けるだろうか。現在までのところ、筆者の懸念は文字どおりに杞憂のようだが、この「サンライズ・プラン＝食と農の連帯」の試みが奏功し、揺るぎないシステムとして地域に定着することを期待したい。なお、参考までに、その後の経過を田辺氏および旭市農水産課から得た資料に基づいて紹介すれば、以下のとおりである。

① 初年（一九九八）度の飼料用米生産実績は三四七六俵。以後、九九年度三七八二俵、二〇〇〇年度三七九六俵、〇一年度三七六三俵、〇二年度三七八六俵。

② 旭愛農生産組合への売渡価格（エサ米基本価格）を二〇〇〇年度より一俵四〇〇〇円に引き下げ、

さらに〇一年度より三五〇〇円に改訂。

③　毎年七月下旬の土曜日にコメコッコの取組み状況などを報告し、バーベキューで歓談交流する「蛍の夕べ」を開催。二〇〇〇年からは、全国農業協同組合連合会（JA全農）大消費地販売推進部と連携して、「蛍の夕べ」に参加した市民・子どもたちによる環境調査（ホタル、赤とんぼ、メダカなど指標生物による環境評価）を実施。さらに、〇二年からは旭市立共和小学校の協力を得て、授業の一環として環境調査を年四回実施（〇三年からは三校に拡大）。得られた調査結果を「蛍の夕べ」での環境調査結果とともに蓄積して、サンライズ・プランの実践が地域の環境改善にどのように役立つかを、消費者にもわかりやすい「目に見えるデータ」とし、運動の輪を旭市全域に拡大するための素材として活用。

④　サンライズ・プランの実働部隊を養成するため、「サンライズ・プラン青年塾」（塾長は協同組合経営研究所の今野聰氏）を結成し、二〇〇一年四月から毎月開催。サンライズ・プランの理念、全農安心システム、環境保全と農業、消費者運動と生協、農産物流通、農業経営など基礎知識の修得に加え、〇二年度からはサンライズ・プランの新たな事業展開のあり方についての共同研究を開始。

田辺氏によれば、現在は旭市農水産課の職員がサンライズ・プラン推進協議会の事務局を兼務しているが、事業をより積極展開するためには専任職員の確保が不可欠。また、サンライズ・プランを「モデル事業」から「全域事業」に拡大するときに問題となる減農薬農産物などの価格をどうするか、誰が責任をもって販売するか、旭市の非農家住民をこの運動にどのように主体的にかかわらせられるかなど、議論し、解決すべき課題は多いという。

だが、《継続は力》だ。サンライズ・プランが四者の強い意思により継続されるかぎり、旭市における試みは《農都提携型ビジネス・モデル》の一つとして確立し、いずれ全国から注目されるにちがいない。そう、期待したい。

【追記】　本章脱稿後、鈴木猛夫『「アメリカ小麦戦略」と日本人の食生活』（藤原書店、二〇〇三年）が上梓されていることを知った。キッチン・カー事業については高嶋光雪『日本侵攻　アメリカ小麦戦略』（家の光協会、一九七九年）、脚気論争については板倉聖宣『模倣の時代』（仮説社、八八年）が必読文献だが、前者は今日では入手が困難なので、両書の一部を再録している本書を代替的参考文献として紹介しておく。

【参考資料①】

平成八年四月一六日

都道府県畜産主務部長、肥飼料検査所長、飼料関係団体の長　あて

農林水産省畜産局　流通飼料課長

反すう動物の組織を用いた飼料原料の取扱いについて

四月二日及び三日に開催された世界保健機関（WHO）における伝染性海綿状脳症の公衆衛生問題に関する専門家会合において、すべての国は反すう動物の飼料への反すう動物の組織の使用を禁止すべきである旨を勧告とすることが決定されたので、御了知の上、反すう動物（牛、羊、山羊等）の組織を用いた飼料原料（肉骨粉等）については、反すう動物に給与する飼料とすることのないよう、貴管下関係者に対し周知を図られたい。

別記　飼料輸出入協議会、全国開拓農業協同組合連合会、全国穀類飼料工業協同組合、全国飼料卸協同組合、全国飼料工業協同組合、全国畜産農業協同組合連合会、全国農業協同組合連合会、全国酪農業協同組合連合会、協同組合 日本飼料工業会、日本養鶏農業協同組合連合会、（社）中央畜産会、（社）日本科学飼料協会、（社）日本飼料協会、（社）北海道飼料協会

【原文は横書き】

【参考資料②】
平成九年二月五日
農林水産省畜産局衛生課薬事室

飼料添加物の指定の取消しについて

本日、開催された農業資材審議会飼料部会において、耐性菌の出現問題がとりあげられていた飼料添加物について、次の答申が出されたので御知らせします。なお、農林水産省としては、この答申を受け、直ちに所要の省令改正を行う予定です。

（審議会答申）
次に掲げる物の飼料添加物としての指定を取り消すことは適当と認める。
1　アボパルシン
2　オリエンチシン

（解　説）
1　アボパルシン及びオリエンチシンはいずれも抗生物質であり、我が国においては、アボパルシンは昭和六〇年一〇月、オリエンチシンは平成六年七月に鶏用の飼料添加物に指定されました。なお、これらの抗生物質は人体用には使用されておりません。
オリエンチシンは指定後も全く製造販売されていません。また、アボパルシンは指定後輸入販売されてきましたが（平成七年度検定数量は一〇％製剤で一八・四t）、海外で耐性菌問題が話題となってきた昨年一一月一四日より販売が自粛されています。一一月末の製品在庫二一・六tについては既に回収が終了しているとの報告を受けています。従って、いずれも現在は国内に供給されていません。

2　ＥＵでのアボパルシンの利用状況については、全域でアボパルシンの使用が承認されて利用されていましたが、一昨年にデンマークが、昨年ドイツが、耐性菌の出現を重視し、独自にアボパルシンの使用を禁止しました。一方、英国、フランス等では今も使用されています。

3　我が国の、鶏の糞便中の細菌についてアボパルシン等抗生物質への耐性発現状況を把握するため、アボパルシンの使用が確認できた一〇一農場を対象として、昨年一二月より実態調査を開始し、本年一月末に以下の結果がとりまとめられました。

三五農場の鶏糞中から腸球菌二〇八検体が検出され、そのうち三農場の七検体が、アボパルシン、オリエンチシン、バンコマイシンへの耐性を示すことが確認された。また、四農場の鶏糞中から検出された黄色ブドウ球菌九検体については、アボパルシン等への耐性を示すものはなかった。

4　以上の経緯を踏まえて、本日の農業資材審議会飼料部会で論議を行った結果、両品目の飼料添加物としての指定を取り消すことが適当との答申に至ったものです。

（参　考）

現在、バンコマイシンは人の院内感染症の一つであるメチシリン耐性ブドウ球菌症の特効薬といわれています。バンコマイシンは人体専用薬であり、家畜には使用されていません。一方、アボパルシンとオリエンチシンは家畜専用の飼料添加物であり、人には使用されていませんが、この三製品は化学構造が類似しています。

このため、飼料添加物としてこれらの抗生物質を使用することによって、鶏の腸球菌が耐性を得て、その耐性因子が人のメチシリン耐性黄色ブドウ球菌に移れば、バンコマイシンの院内感染症の特効薬としての有効性がなくなる可能性があるとの説があり、国内外で論議されています。

【原文は横書き】

【参考資料③】
内閣総理大臣
厚生労働大臣　あて

硝酸性窒素の危険性を、ＳＩＤＳ（乳幼児突然死症候群）対策に早期に加えるべき事を求める意見書

硝酸性窒素が環境基準に追加され、指針値が、一〇mg／ℓと設定された。その根拠は、幼児における硝酸性窒素濃度とメトヘモグロビン血症発生との関連を調査した結果等に基づいており、明らかに「乳幼児に対しての危険性」が基準の根拠となっている。

海外からの報告によれば、アメリカでは一九四五年から一九五〇年にかけて井戸水の硝酸性窒素による乳幼児の発病が二七八件あり三九人が死亡。ヨーロッパでも一九四八年から一九六四年にかけて約一〇〇〇件が発病、うち八〇人が死亡。ＷＨＯ（世界保健機関）の調査でも乳児ＭＨｂ症は、北米・ヨーロッパで一九四六年以来、約二〇〇〇例の報告があり、一六〇人が死亡。実際は、この一〇倍の被害患者の発生が報告されている。

今まで、わが国においては、乳幼児突然死症候群（ＳＩＤＳ）予防のために、うつ伏せ寝・非母乳哺育・保護者の習慣的喫煙・厚着をする事等の防止があげられている。

ＳＩＤＳとは、「それまでの健康状態及び既往歴からその死亡が予想できず、しかも死亡状況及び剖検によってもその原因が不詳である、乳幼児に突然の死をもたらした症候群」とされている。

今後は新しく、葉酸《ようさん》の摂取、揺さぶられっ子症候群が加わる予定との事であるが、さらに乳幼児にとって恐ろしい危険物質は、硝酸性窒素であると言われている。

よって、国においては、「ミルク調乳のおり、飲用基準を超えた硝酸性窒素含有の飲料水を用いない」ということを、ＳＩＤＳ対策に早急に加えるべき事を、強く求めるものである。

以上、地方自治法第九九条の規定により意見書を提出する。

平成一三年一二月一八日

千葉県議会議長

【原文は横書き】

【参考資料④】

平成十年二月九日提出
質問第八号

野菜の硝酸塩汚染に関する質問主意書

提出者　福島　豊

硝酸・亜硝酸性窒素による健康影響として、メトヘモグロビン血症が知られているが、亜硝酸塩が胃内容物と反応して発ガン物質であるN—ニトロソ化合物を生成させることが知られており、十分な疫学的な証拠は得られていないものの、その可能性を鑑みると、慎重な対応が必要と考えられる。この硝酸・亜硝酸性窒素については我国では水道水の水質基準として一〇mg／ℓと定められている。しかし、我国においては、硝酸・亜硝酸性窒素の摂取は大半が野菜の摂取によることが知られている。また、野菜については窒素肥料の使用とも関連して極めて高濃度の硝酸塩が含まれていることが指摘されている。これは一九七六年に東京都公害研究所が初めて調査結果を発表し、大きな波紋を呼び、以後、中央卸売市場に入荷する野菜類が毎年、四回検査される事となった。さらに、オランダ・ロシア・オーストラリア等の諸国では、水に関してだけでなく野菜に関しても硝酸塩濃度について上限が定められている。

また、ＷＨＯでは、硝酸塩の摂取量の上限を一週間に一五四〇mgと定めているが、水質基準を満たしている水道水からの硝酸塩の摂取は一〇〇mg程度と考えられており、ＷＨＯの基準を満たすためには、野菜からの摂取を低減させる必要があると考えられる。

以上から、次の事項について質問する。

一　野菜を介した硝酸塩の摂取について

1　国民の野菜を介した硝酸塩の摂取状況について政府は調査しているか。

2　硝酸塩の摂取状況とその健康に対する影響について調査すべきと考えるがどうか。

二　野菜の硝酸塩汚染の改善について

1　野菜の硝酸塩濃度の現状について調査しているか。

2　健康に対する影響、水質汚染の原因とも成りうることを鑑みれば、少しでも硝酸塩摂取を低減させるために、窒素肥料の使用等について検討し、一定の指針を設けるべきと考えるがどうか。

3　諸外国のようにＷＨＯの摂取基準をふまえ制限値を設けるべきと考えるがどうか。

右質問する。

【引用者注＝文中、「オーストラリア」とあるのは、「オーストリア」の誤記と思われる】

【参考資料⑤】

平成十年二月二十七日受領
答弁第八号

内閣衆質一四二第八号
平成十年二月二十七日

内閣総理大臣　橋本龍太郎

衆議院議長　伊藤宗一郎殿

衆議院議員福島豊君提出野菜の硝酸塩汚染に関する質問に対し、別紙答弁書を送付する。

衆議院議員福島豊君提出野菜の硝酸塩汚染に関する質問に対する答弁書

一の1について

野菜からの硝酸塩の摂取状況については、昭和六十一年度、平成二年度及び平成八年度の厚生科学研究における食品添加物の一日摂取量に関する研究の中で、野菜その他の生鮮食品について、自然に含まれる硝酸塩及び加工した場合に添加物として含まれる硝酸塩の摂取量の把握等を行ったところである。

一の2について

御指摘の硝酸塩の摂取状況については、一の1についてで述べたとおり、これまでの研究において摂取量を把握しているところである。野菜からの硝酸塩の摂取による健康に対する影響に関する調査については、硝酸塩はそもそも野菜中の成分として含まれており、通常の食生活において野菜中の硝酸塩が人体に有害な作用を引き起こすことはないと考えられること、我が国において野菜からの硝酸塩の摂取によって具体的な健康に対する影響が生じたという事例は承知していないこと、海外において昭和三十年代から四十年代にかけて生後三か月以下の乳児が野菜を摂取したことによりメトヘモグロビン血症を発症した事例があったことは承知しているが、我が国においては離乳がおおよそ生後五か月から開始されている実情からこのような事例が生じるおそれは極めて少ないと考えられること及び千九百九十五年に開催された第四十四回の国連食糧農業機関（以下「ＦＡＯ」という。）及び世界保健機関（以下「ＷＨＯ」という。）の合同食品添加物専門家会議（以下「ＦＡＯ及びＷＨＯ専門家会議」という。）の報告において、硝酸塩の一日摂取許容量（以下「ＡＤＩ」という。）を基に野菜の硝酸塩の含有量の限界値を設けることは適当でない旨の指摘が行われていることから、現段階において実施する必要性はないと考えている。

二の1について

野菜の硝酸塩濃度については、昭和六十三年度に、厚生省において野菜を含めた生鮮食品における硝酸塩及び亜硝酸塩の含有量の調査として実施したところである。

二の2について

窒素肥料の使用等については、農林水産省において、平成九年三月十日に農業技術に関する指導事項を取りまとめ公表した「農業生産の技術指針」（以下「技術指針」という。）の中で、農業者に対して土壌及び生育診断に基づく施肥設計、緩効性肥料の利用等に努めること、都道府県に対して施肥基準を環境への負荷に対する配慮の観点から見直すこと等を求め、窒素肥料等が過剰に施用されることのないよう指導に努めているところである。また、地力の増進を図る観点から、農林水産大臣は地力増進法（昭和五十九年法律第三十四号）第三条第一項に基づき地力増進基本指針（以下「基本指針」という。）を定めており、平成九年五月二十九日に同条第三項に基づき公表した変更後の基本指針において、農業者に対し、環境への負荷にも留意しつつ適正な施肥に努めるよう求めているところである。

今後、野菜に含まれる硝酸塩の健康に対する影響や窒素肥料の使用と水質汚染との関係についての新たな知見が得られた場合には、必要に応じ、窒素肥料等の適正な使用を図る観点から、技術指針及び基本指針の見直し等の措置を行う考えである。

二の3について

ＦＡＯ及びＷＨＯ専門家会議の報告においては、硝酸塩のＡＤＩを示す一方で、野菜は硝酸塩の主な摂取源となりうるが、野菜が食品として有用であることはよく知られていること及び硝酸塩が野菜の基質の中にあることにより人における硝酸塩の吸収や代謝が影響を受ける可能性があることを考慮すると、野菜からの硝酸塩摂取をこのＡＤＩと比較すること又はこのＡＤＩを基に野菜の硝酸塩の含有量の限界値を設けることは適当でない旨が指摘されており、食品に関する国際基準を作成するＦＡＯ及びＷＨＯの合同食品規格委員会においては、野菜に含まれる硝酸塩について、これまでのところ基準が作成されていない。また、硝酸塩はそもそも野菜中の成分として含まれており、厚生省において、我が国において野菜からの硝酸塩の摂取によって具体的な健康に対する影響が生じたという事実は承知していないところである。このため、現段階において、食品衛生法（昭和二十二年法律第二百三十三号）第七条第一項に基づき野菜に含まれる硝酸塩に係る規格基準を定める必要はないと考えている。

【参考資料⑥】

食糧増産並びに国民食生活改善に関する決議案

政府は、本年のまれなる凶作事情にかんがみ、食糧増産政策の徹底を期するとともに、国民食生活の改善を計り、合理的栄養的な国民食の指導普及をなし、もつて自立経済確立、国民生活安定の恒久策を樹立するため、左記事項の急速実施を期すべし。

一　食糧増産対策経費中、農地の拡張及び改良に要する経費（災害復旧を除く）並びに耕種の改善に要する経費を増額し、画期的食糧増産の実を上げること。
二　食糧輸入を合理化し外貨及び補給金の節約を計ること。
三　粉食の奨励、酪農水産及び林産食品の増産を計ること。
四　学校等給食の充実を計り国民一般の食生活改善を計ること。
五　国民食改善の国民運動を行うこと。

右決議する。

昭和二十八年十二月十五日

（資料　第一九回国会・衆議院・本会議「議事録」第二号）

【注＝傍点は引用者が附した】

【参考資料⑦】

①林髞『頭脳——才能をひきだす処方箋』（光文社、一九五八（昭和三三）年）

10　頭のための栄養

ビタミン不足で気が狂う

「……ビタミンB類が欠乏すると、頭の正しい働きができなくなる。そして、一種の気ちがい（それを英国の学者はエンセファロパチャと名づけた）が生ずることがわかってきた……」（一五六ページ）

米食国民は一歩おくれる

「……小麦は、胚が中にあって、そのまわりにビタミンB類があるので、精白してもビタミンは失われない。しかるに米は、胚が外側にあって、そのまわりにビタミンB類があるのであるから、精白するとまったくB類欠乏食になる。（中略）私ども日本人は、いままでビタミンB類欠乏食を主食としてきた……」（一六〇ページ）

「……親たちが白米で子供を育てるということは、その子供の頭脳の働きをできなくさせる結果となり……」（一六一ページ）

「どうしたらよいか。……せめて子供の主食だけはパンにした方がよいということである」（一六一ページ）

「……せめて子供たちの将来だけは、私どもとちがって、頭脳のよく働く、アメリカ人やソ連人と対等に話のできる子供に育ててやるのがほんとうである」（一六二ページ）

老人のボケとガンコの原因

「……ぼける（のは）、あきらかにビタミンB類の不足な食物で成長し、成長してからもその状態をつづけると同時に、およそ読書とか作文とかいうことはいっさいせずに一生をすごすということが原因である。だから日本では生まれたときから白米を食べて、蛋白質をあまりとらず、労働をしてすごした農家の老人にはいままでも、そういう人が多く、五十歳という声がかかるとぼけてくる」(一六六ページ)

②林髞『頭のよくなる本——大脳生理学的管理法』(光文社、一九六〇(昭和三五)年)

一　頭をよくする原理

「……頭の働きをよくするには、どうしても蛋白食をしなければなりません。白米(または水と澱粉だけと考えてよい)だけ食べていて、頭を働かすことはできません。日本では大都会では学童の蛋白質は足りているはずですが、田舎では大いに不足しています」(三九ページ)

四　効果のある勉強・記憶法

「……第一は睡眠をよくとり(中略)。第二は栄養です。試験の二ヵ月ぐらい前から、白米はやめるべきです。そして、パンにする。白米にはビタミン類は少しもはいっていませんが、パンには、かなりはいっています。その上、できれば少しビタミンを加えることです。それにはビタミンB_1、B_6、B_{12}それに少しパントテン酸があった方がよいでしょう。これは食物からとろうとしないで、薬屋さんと相談して、選んで買っておいて、毎日のむことです。白米を食べていると、ビタミンをとっても、少しでは間に合いませんから、ややもすると不足になりますが、白米をやめれば、ごく少量でよいのです……」(一一三〜一一四ページ)

【注＝傍点は引用者が附した】

あとがき

筆者が有機農業の現代的意義に関する小論を最初に世に問うたのは一九七七年の春でした。その数年前から、《市場開放(貿易自由化)しても生き残れる日本農業のあり方》についての研究を開始し、誕生間もない日本の有機農業運動に興味をもちました。しかし、当時は「有機」の二文字を口にするだけで、周囲から「無農薬・無化学肥料で農業が成り立つ道理がない」とか、「君は科学を否定するのか。科学を否定する者に研究者の資格はない」と指弾され、四面楚歌的情況に陥ったことを思い出します。

しかし、父親譲りの天の邪鬼というのでしょうか、叩かれれば、叩かれるほど、闘志がわく困った性格の筆者は、周囲の予想に反し、有機農業運動の研究にのめり込んでいきました。そして、そんな折に目にしたのが、『農業と経済』という雑誌の当時の発行元、富民協会の創立五〇周年記念懸賞論文の募集記事です。絶好のチャンスに思えたので早速「生命と暮らしを守る草の根の運動を」と題する小論を投稿し、思いの丈をぶつけてみました。

幸い筆者の主張は理解され、優秀賞四編の一つに選ばれました(『農業と経済』臨時増刊「混迷農業へ直言する」第四三巻第二号)。これに勇気づけられた(味をしめた?)筆者は、それ以降、有機農業運動の発展を願って運動そのものに参加するとともに、他方では、《市場開放しても生き残れる日本農業のあり方》を考えるうえで参考になる、農業の共同化、食の安全性(農薬、食品添加物、硝酸態窒素、動物用医薬品、遺伝子組み換え作物など）はじめ、海外の有機農業、農業環境政策の動向（とくに韓国）などに関する情報を収集し、主張の補強作業を延々と繰り返して、今日に至っています。

本書は、そのような論考の一部を再整理したものです。読み返してみて、一九七七年の懸賞論文のころからあまり知的に成長していないことに気付き、研究者としては内心忸怩《じくじ》たるものがあります。「感受性豊かな二〇代の《直感》を大切にせよ」とは、筆者が大学院生のころに耳にした言葉（誰の言葉だったか失念）ですが、荒削りの、海の物とも山の物ともつかない《直感》を曲がりなりにも本書の形にするのに、三〇年近い時間を要しました。

筆者は、とくに都市の消費者の方々に読んでいただきたくて、本書を書きました。《生産者を生かすも殺すも消費者次第。消費者の支持なくして、日本農業は生き残れない》と考えているからです。裏返せば、《消費者を『サポーター』として取り込むことができれば、市場開放しても、日本農業は生き残ることができる》という理屈になります。ただし、問題は、現在の日本の農業が「支持に値する農業」であるかどうかです。

農薬、化学肥料、動物用医薬品（抗生物質）など、化学物質への依存度を高めながら、言い換えれば、消費者が「安全性に疑問がある」と不安に思う農業を続けながら、他方で消費者に日本農業への支持を求めるのは、「虫がよすぎる」と思います。しかし、肝心の消費者が黙っていては、現状は改まりません。本書を手に取ってくださった方々にお願いしたいのは《行動》です。はしがきに三点、第1章に六点を示しましたが、それ以外にも、新聞の「声」欄などにご自身の意見を投稿するなど、何らかの《行動》を起こすことを、ご検討願えれば幸いです（すでに行動を起こしておられる方々は、この記述を無視してください）。

「実践と切り離された洞察は、結局は無効である」「『正気の消費』を求める……市民が、『消費者の力』を示すことのできる一つの効果的な方法は、戦闘的な消費者運動を組織して、『消費者ストライキ』の脅しを武器として使うことである」（佐野哲郎訳『生きるということ』紀伊國屋書店、一九七七年）と言ったのは、ドイツの心理学者エーリッヒ・フロムです。本書の問題提起が契機になって、読者の方々に《行動の意思》が生まれたとしたら、筆者にとってそれ以上の喜びはありません。

タイトル「食農同源」の発案者は、本書の出版社コモンズの経営者であり、卓越した編集者でもある大江正章氏です。また、本書は、講座が異なるにもかかわらず、有機農業研究を励まし続けてくださいました坂本慶一先生（京都大学名誉教授）、助手のポストを与えてくださいました指導教官の中嶋千尋先生（京都大学名誉教授）、そして大勢の運動仲間（有機農産物などの生産・流通・消費にかかわる個人・団体、有機農業研究者）に支えられて上梓できました。ここに記して、皆様方に感謝申し上げます。

紙幅の制約から、遺伝子組み換え作物や農薬、食品添加物などに対する批判的論考は割愛しました。これらについては、本書の姉妹編として上梓する予定の別著において詳しく紹介したいと思います。

二〇〇三年七月

足立 恭一郎

【著者紹介】

足立恭一郎（あだち　きょういちろう）

1945年　奈良県生まれ。

1974年　京都大学大学院農学研究科博士課程修了。

1975年　京都大学農学部助手（5月～9月）。
農林省農業総合研究所（当時）に出向。

現　在　農林水産省農林水産政策研究所地域資源研究室長。農学博士（京都大学）。

専　門　農業経済学。

共　著　『人間にとって農業とは』（坂本慶一編著、学陽書房、1989年）、『現代日本の農業観――その現実と展望』（祖田修・大原興太郎編著、富民協会、1994年）、『有機農業――21世紀の課題と可能性●有機農業研究年報1』（日本有機農業学会編、コモンズ、2001年）など。

論　文　有機農業、食の安全、韓国の農政改革などに関するもの多数。

主　張　「一般的な有機農業理解に異議あり」（『朝日新聞』論壇1995年7月21日）。
「有機食品認証論議の忘れ物」（『朝日新聞』論壇1998年12月3日）。

食農同源――腐蝕する食と農への処方箋

二〇〇三年九月　一　日　初版発行
二〇〇五年二月　一　日　二刷発行

著　者　足立恭一郎

発行者　大江正章
発行所　コモンズ
東京都新宿区下落合一－五－一〇－一〇〇二
TEL〇三（五三八六）六九七二
FAX〇三（五三八六）六九四五
振替　〇〇一一〇－五－四〇〇一二〇
info@commonsonline.co.jp
http://www.commonsonline.co.jp/

印刷・加藤文明社／製本・東京美術紙工

乱丁・落丁はお取り替えいたします。

ISBN 4-906640-69-9 C 1061